S. Santhoshkumar
S. Krishnakumar

Comercialização agrícola

S. Santhoshkumar
S. Krishnakumar

Comercialização agrícola

ScienciaScripts

Imprint
Any brand names and product names mentioned in this book are subject to trademark, brand or patent protection and are trademarks or registered trademarks of their respective holders. The use of brand names, product names, common names, trade names, product descriptions etc. even without a particular marking in this work is in no way to be construed to mean that such names may be regarded as unrestricted in respect of trademark and brand protection legislation and could thus be used by anyone.

Cover image: www.ingimage.com

This book is a translation from the original published under ISBN 978-620-7-80510-5.

Publisher:
Sciencia Scripts
is a trademark of
Dodo Books Indian Ocean Ltd. and OmniScriptum S.R.L publishing group

120 High Road, East Finchley, London, N2 9ED, United Kingdom
Str. Armeneasca 28/1, office 1, Chisinau MD-2012, Republic of Moldova, Europe
Printed at: see last page
ISBN: 978-620-7-97118-3

COMERCIALIZAÇÃO AGRÍCOLA

Autores

Dr. s. SANTHOSHKUMAR

Professor assistente,

Departamento do Comércio,

Colégio de Artes e Ciências de Gobi, Gobichettipalayam, Erode,

Tamil Nadu

Dr. s. KRISHNAKUMAR

Professor assistente,

Departamento de MBA,

Colégio de Artes e Ciências de Gobi, Gobichettipalayam, Erode,

Tamil Nadu

Prefácio

A comercialização agrícola é um domínio dinâmico e complexo que desempenha um papel crucial no desenvolvimento económico das nações, especialmente das que têm uma base agrária significativa. A comercialização eficiente dos produtos agrícolas garante que os agricultores recebam preços justos pelos seus produtos, que os consumidores obtenham produtos de qualidade a preços razoáveis e que as economias cresçam de forma sustentável. Este livro, intitulado "Marketing Agrícola", tem como objetivo fornecer uma compreensão abrangente dos vários aspectos envolvidos neste domínio vital.

Este livro foi concebido para servir como um recurso abrangente para estudantes, investigadores, decisores políticos e profissionais no domínio da comercialização agrícola. Oferece perspectivas teóricas, conhecimentos práticos e uma compreensão do contexto global, com o objetivo de equipar os leitores com as ferramentas necessárias para navegar e ter sucesso no complexo mundo da comercialização agrícola.

Esperamos que este livro contribua para uma melhor compreensão da comercialização agrícola e inspire soluções inovadoras para os desafios enfrentados por este sector vital.

DR. S. SANTHOSHKUMAR

DR. S. KRISHNAKUMAR

Índice

Capítulo 1: Natureza e âmbito do mercado e do marketing

Introdução

No domínio do comércio e dos negócios, os conceitos de mercado e de marketing são os pilares sobre os quais se constroem empreendimentos de sucesso. Encapsulam a interação dinâmica entre a oferta e a procura, a arte de compreender o comportamento dos consumidores e as manobras estratégicas utilizadas para satisfazer as necessidades dos clientes de forma rentável.

Mercado

Um mercado representa o ponto de encontro de compradores e vendedores, onde são trocados bens, serviços ou ideias. No entanto, um mercado engloba um ecossistema complexo para além das suas fronteiras físicas ou virtuais, moldado por factores como as preferências dos consumidores, a dinâmica da concorrência e os quadros regulamentares. É uma arena fluida onde os preços flutuam, as tendências emergem e as inovações moldam a atividade económica a várias escalas.

Marketing

O marketing, por outro lado, é o esforço deliberado para criar, comunicar e fornecer valor aos clientes. Engloba uma série de actividades destinadas a compreender as necessidades dos consumidores, a criar ofertas atraentes e a promover relações duradouras. Quer seja através de estudos de mercado, desenvolvimento de produtos, estratégias de preços ou campanhas promocionais, o marketing é o motor que faz avançar as empresas num cenário competitivo.

Juntos, Mercado e Marketing formam a pedra angular do comércio moderno, orientando as empresas na navegação pelos meandros da oferta e da procura, ao mesmo tempo que promovem ligações significativas com os clientes. Ao dominarem estes conceitos, as organizações podem antecipar as tendências do mercado, diferenciar as suas ofertas e, em última análise, alcançar um crescimento e sucesso sustentáveis.

Significado e definições de mercado

Em economia e negócios, um mercado refere-se ao ambiente em que compradores e vendedores se reúnem para efetuar transacções de troca. Os mercados são espaços dinâmicos onde compradores e vendedores se envolvem em transacções de troca, determinando os preços através da interação das forças da oferta e da procura. Os mercados podem variar de locais físicos, como os mercados tradicionais, a plataformas virtuais, como os mercados em linha e os mercados financeiros.

De acordo com o economista Alfred Marshall, um mercado é "um local onde compradores e vendedores se encontram para trocar bens e serviços a preços determinados pelas forças da oferta e da procura".

Significado e definições de marketing

O marketing é uma disciplina multifacetada que implica a identificação, antecipação e satisfação das necessidades e desejos dos clientes de uma forma rentável. Engloba uma vasta gama de actividades destinadas a criar, comunicar, fornecer e trocar valor com os clientes para atingir os objectivos organizacionais. As estratégias de marketing incluem frequentemente estudos de mercado, desenvolvimento de produtos, fixação de preços, distribuição, publicidade e promoção para atrair e reter clientes.

A American Marketing Association (AMA) define o marketing como "a atividade, o conjunto de instituições e os processos de criação, comunicação, entrega e troca de ofertas que têm valor para os clientes, consumidores, parceiros e sociedade em geral".

Natureza e âmbito do mercado

A natureza e o âmbito do mercado abrangem as suas caraterísticas fundamentais, bem como o grau da sua influência nas actividades económicas. Eis um resumo:

Natureza do mercado

1. Interação entre a oferta e a procura: Os mercados são caracterizados pela interação entre a oferta, que representa a quantidade de bens ou serviços que os produtores estão dispostos a oferecer, e a procura, que representa a quantidade de bens ou serviços que os consumidores estão dispostos a comprar a vários preços. Esta interação determina os preços de equilíbrio e as quantidades trocadas no mercado.

2. Concorrência: Os mercados são ambientes tipicamente competitivos em que vários vendedores disputam a atenção e o patrocínio dos consumidores. A concorrência promove a inovação, a eficiência e o fornecimento de produtos e serviços de qualidade a preços competitivos.

3. Mecanismo de preços: Para uma afetação eficiente dos recursos, os mercados baseiam-se no mecanismo dos preços. Os preços servem como sinais que orientam os produtores e os consumidores nos seus processos de tomada de decisão, assinalando a escassez, os níveis de procura e as oportunidades de lucro.

4. Estruturas de mercado: Os mercados podem apresentar várias estruturas, desde a concorrência perfeita ao monopólio, oligopólio e concorrência monopolística. Cada estrutura tem um impacto no comportamento dos participantes no mercado, nas estratégias de fixação de preços e na distribuição do poder de mercado.

Âmbito do mercado

1. Bens e serviços: Os mercados facilitam a troca de bens e serviços em diversos sectores, incluindo bens de consumo, produtos industriais, serviços financeiros, cuidados de saúde, educação, entre outros. O âmbito do mercado estende-se a praticamente todos os produtos tangíveis e intangíveis transaccionados por valor.

2. Alcance geográfico: Os mercados podem operar a diferentes níveis geográficos, desde os mercados locais e regionais até aos mercados nacionais e globais. Os avanços na tecnologia e nos transportes alargaram o âmbito geográfico dos mercados, permitindo às empresas aceder a bases de clientes mais vastas e participar no comércio internacional.

3. Mercados financeiros: Para além dos mercados de bens e serviços, os mercados financeiros desempenham um papel crucial na afetação de capital e na gestão de riscos. Os mercados financeiros englobam os mercados de acções, de obrigações, de mercadorias, de divisas e de derivados, facilitando a negociação de instrumentos financeiros e de valores mobiliários.

4. Mercado de trabalho: O mercado de trabalho representa a troca de serviços de trabalho entre trabalhadores e empregadores. Engloba as contratações, os salários, as condições de emprego e a dinâmica da mão de obra, que determinam as oportunidades económicas e os meios de subsistência.

Natureza e âmbito do marketing

O marketing é a pedra angular da estratégia empresarial, englobando um conjunto diversificado de actividades destinadas a compreender, criar, comunicar e fornecer valor aos clientes. É simultaneamente uma arte e uma ciência, combinando criatividade com conhecimentos baseados em dados para promover ligações significativas com públicos-alvo. No atual cenário dinâmico e competitivo, um marketing eficaz é essencial para as organizações que procuram diferenciar as suas ofertas, expandir a sua presença no mercado e construir relações duradouras com os clientes.

Natureza do marketing

1. Centrado no cliente: Na sua essência, o marketing é centrado no cliente, concentrando-se na compreensão e satisfação das necessidades, desejos e preferências dos consumidores. Dá ênfase à construção de relações com os clientes através da criação de valor e de estratégias de envolvimento.

2. Criação de valor: O marketing consiste em criar valor para os clientes e para as organizações. Implica a identificação de oportunidades para responder às necessidades e preferências dos clientes através do desenvolvimento de produtos, serviços e experiências que proporcionem benefícios tangíveis e intangíveis.

3. Orientação estratégica: O marketing é uma função estratégica que envolve a definição de objectivos, a análise das tendências do mercado, a avaliação dos cenários competitivos e o desenvolvimento de planos para atingir os objectivos organizacionais. Inclui tácticas de curto prazo e iniciativas estratégicas de longo prazo destinadas a manter a vantagem competitiva.

4. Abordagem integrada: Um marketing eficaz requer uma abordagem integrada que alinhe várias actividades de marketing, canais e pontos de contacto para proporcionar uma experiência de marca coesa e consistente. Envolve a coordenação de esforços entre vários departamentos, como o desenvolvimento de produtos, vendas, publicidade e serviço ao cliente.

Âmbito do marketing

1. Desenvolvimento de produtos: O marketing desempenha um papel fundamental na identificação de oportunidades de mercado, na realização de estudos de mercado e na concetualização de novos produtos ou serviços que satisfaçam as necessidades e preferências dos clientes. Envolve a conceção de caraterísticas de produtos, marcas, embalagens e estratégias de posicionamento para diferenciar as ofertas no mercado.

2. Estratégias de fixação de preços: O marketing inclui estratégias de fixação de preços que determinam o valor e a competitividade dos produtos ou serviços no mercado. Envolve a análise da dinâmica dos preços, das percepções dos consumidores e das estruturas de custos para determinar estratégias de preços óptimas que maximizem a rentabilidade e a quota de mercado.

3. Canais de distribuição: O marketing implica a gestão dos canais de distribuição para garantir que os produtos ou serviços chegam aos clientes de forma eficiente e eficaz. Inclui decisões relacionadas com a seleção de canais, logística, gestão de stocks e parcerias de retalho para otimizar o processo de distribuição.

4. Promoção e comunicação: O marketing engloba actividades promocionais destinadas a aumentar a sensibilização, gerar interesse e influenciar as decisões de compra. Envolve a publicidade, as relações públicas, as promoções de vendas, o marketing digital, as redes sociais e outros canais de comunicação para atingir públicos-alvo e promover o envolvimento.

5. Gestão da relação com o cliente (CRM): O marketing envolve a criação e manutenção de relações fortes com os clientes através de interações personalizadas, serviço ao cliente e programas de fidelização. Inclui estratégias de CRM destinadas a adquirir, reter e maximizar o valor do tempo de vida dos clientes.

Importância do mercado

Os mercados desempenham um papel central na coordenação das actividades económicas, na promoção da eficiência, no fomento da concorrência e no aumento do bem-estar geral. A sua importância vai para além das considerações económicas, influenciando as dimensões sociais, políticas e culturais da sociedade e servindo como pilares fundamentais da civilização moderna. Nunca é demais realçar a importância do mercado nos domínios da economia, das empresas e da sociedade em geral. Eis algumas das principais razões pelas quais os mercados são vitais:

1. **Afetação de recursos**: Os mercados funcionam como mecanismos eficientes de afetação de recursos escassos. Os preços surgem quando as forças da oferta e da procura interagem, indicando aos produtores o que devem produzir, quanto devem produzir e para quem devem produzir. Este processo de afetação orienta os recursos para as suas utilizações mais valorizadas, maximizando assim o bem-estar da sociedade.

2. **Eficiência económica**: Os mercados incentivam os produtores a minimizar os custos e a maximizar a produção, resultando numa produção mais eficiente de bens e serviços. A concorrência no mercado incentiva a inovação, o aumento da produtividade e a adoção de novas tecnologias, impulsionando o crescimento económico e a prosperidade.

3. **Descoberta de preços**: Os mercados facilitam a descoberta de preços, que desempenham um papel crucial na coordenação das actividades económicas. Os preços transmitem informações sobre a escassez relativa de bens e serviços, orientando as decisões de consumo dos consumidores e as decisões de produção dos produtores. Mercados transparentes e competitivos garantem que os preços reflectem com precisão as condições subjacentes da oferta e da procura.

4. **Escolha do consumidor**: Os mercados oferecem aos

consumidores uma vasta gama de escolhas e opções, permitindo-lhes selecionar os produtos e serviços que melhor satisfazem as suas preferências, necessidades e restrições orçamentais. A concorrência entre os vendedores incentiva a diferenciação dos produtos, a melhoria da qualidade e a inovação, conduzindo a um maior bem-estar e satisfação dos consumidores.

5. **Geração de renda e emprego**: Os mercados criam oportunidades de geração de renda e emprego, fornecendo uma plataforma para os indivíduos venderem sua mão de obra, habilidades e conhecimentos. Os mercados de trabalho ligam os empregadores aos trabalhadores, facilitando a correspondência entre a oferta e a procura de mão de obra e a determinação dos salários.

6. **Criação de riqueza**: O bom funcionamento dos mercados contribui para a criação de riqueza, permitindo aos indivíduos e às empresas gerar lucros e acumular activos. Os mercados financeiros, em particular, facilitam a formação de capital, canalizando as poupanças para investimentos, apoiando o espírito empresarial e promovendo o desenvolvimento do mercado de capitais.

7. **Comércio internacional**: Os mercados facilitam o comércio internacional, ligando compradores e vendedores além-fronteiras. Os mercados globais permitem que os países se especializem na produção de bens e serviços para os quais têm uma vantagem comparativa, resultando em ganhos de eficiência, aumento da produtividade e padrões de vida mais elevados em todo o mundo.

8. **Inovação e espírito empresarial**: Os mercados recompensam a assunção de riscos e a criatividade, proporcionando um terreno fértil para a inovação e o espírito empresarial. Os empresários identificam necessidades não satisfeitas, introduzem novos produtos e serviços e perturbam os mercados existentes, impulsionando o progresso tecnológico,

o dinamismo económico e o avanço da sociedade.

Importância do marketing

O marketing é essencial para o sucesso das empresas no mercado competitivo de hoje. Funciona como um motor estratégico de crescimento, diferenciação e envolvimento do cliente, permitindo às empresas criar valor, construir relações e atingir os seus objectivos comerciais de forma eficaz. Nunca é demais realçar a importância do marketing no atual panorama empresarial. Eis algumas das principais razões pelas quais o marketing é essencial:

1. **Compreender as necessidades dos clientes**: O marketing ajuda as empresas a compreender as necessidades, as preferências e os comportamentos dos seus clientes-alvo. Através de estudos e análises de mercado, as empresas obtêm informações sobre os desejos dos consumidores, os pontos fracos e as motivações de compra, o que lhes permite adaptar os seus produtos, serviços e mensagens para satisfazer eficazmente as exigências dos clientes.

2. **Criação de valor**: O marketing consiste em criar valor para os clientes, oferecendo produtos e serviços que respondam às suas necessidades específicas e proporcionem benefícios únicos. As estratégias de marketing eficazes centram-se na comunicação da proposta de valor das ofertas, destacando as suas caraterísticas, benefícios e vantagens competitivas, aumentando assim o seu valor percebido aos olhos dos consumidores.

3. **Criar consciência e reputação da marca**: O marketing desempenha um papel crucial na construção do conhecimento e da reputação da marca, distinguindo as empresas dos concorrentes e promovendo a fidelidade à marca entre os clientes. Através de iniciativas de branding, campanhas publicitárias e mensagens consistentes, as empresas podem estabelecer uma forte identidade de marca,

ganhar a confiança dos clientes e cultivar relações duradouras com o seu público.

4. **Impulsionar o crescimento das vendas e das receitas**: As actividades de marketing destinam-se a impulsionar o crescimento das vendas e das receitas, atraindo novos clientes, retendo os existentes e aumentando a frequência de compra e o valor médio das transacções. Ao implementar estratégias de marketing eficazes, as empresas podem gerar contactos, convertê-los em clientes pagantes e maximizar o seu potencial de receitas.

5. **Expandir o alcance do mercado**: O marketing permite às empresas expandir o seu alcance de mercado e penetrar em novos segmentos de mercado. Através de esforços de marketing direcionados, as empresas podem identificar e atingir nichos de público, entrar em novas regiões geográficas e explorar oportunidades de mercado inexploradas, diversificando assim a sua base de clientes e fluxos de receitas.

6. **Facilitar a inovação e a adaptação**: O marketing incentiva a inovação e a adaptação, fomentando uma mentalidade centrada no cliente e promovendo uma cultura de melhoria contínua. Ao ouvir o feedback dos clientes, monitorizar as tendências do mercado e manter-se atento às mudanças nas preferências dos consumidores, as empresas podem inovar os seus produtos, serviços e estratégias de marketing para se manterem competitivas em ambientes de mercado dinâmicos.

7. **Maximizar o retorno do investimento (ROI)**: As actividades de marketing são investimentos destinados a gerar retornos mensuráveis para as empresas. Ao acompanhar os indicadores-chave de desempenho (KPI), analisar as métricas de marketing e otimizar o desempenho das campanhas, as empresas podem maximizar o seu ROI e afetar recursos de forma eficaz para atingir os seus objectivos comerciais.

8. **Apoiar a tomada de decisões estratégicas**: O marketing

fornece informações valiosas e recomendações baseadas em dados que apoiam a tomada de decisões estratégicas em várias funções empresariais. Desde o desenvolvimento de produtos e estratégias de preços até aos canais de distribuição e iniciativas de serviço ao cliente, os dados de marketing ajudam a informar as decisões críticas que afectam o crescimento e o sucesso da organização.

Diferença entre mercado e marketing

A diferença entre Mercado e Marketing reside no seu foco, função e âmbito no domínio dos negócios e da economia:

Aspect	Market	Marketing
Focus	The space or environment where buyers and sellers exchange goods, services, or commodities.	Understanding, satisfying, and influencing customer needs and preferences profitably.
Function	Functions as a mechanism for allocating resources, coordinating economic activities, and facilitating exchange transactions.	Functions as a strategic discipline aimed at creating, communicating, delivering, and exchanging value with customers.
Scope	Encompasses various sectors including product markets, financial markets, labor markets, and international markets.	Extends across the entire value chain from product conception to post-purchase support. Involves customer segmentation, targeting, and positioning strategies tailored to specific market segments.
Activities	Involves the interaction of supply and demand, price determination, and the interaction between market participants.	Encompasses a wide range of activities including market research, product development, pricing, distribution, advertising, and promotion.
Objective	Facilitates exchange transactions based on mutual consent and agreement.	Aims to create, communicate, deliver, and exchange value with customers.
Example	A stock market where shares of companies are bought and sold.	A marketing campaign promoting a new product to target consumers.

Componentes do mercado

Os componentes de um mercado incluem uma variedade de elementos que, coletivamente, moldam a sua dinâmica e funcionamento. Eis os principais componentes:

1. **Compradores:** Os compradores são indivíduos, empresas ou

organizações que procuram bens, serviços ou mercadorias no mercado. Representam o lado da procura do mercado e desempenham um papel crucial na determinação da quantidade e dos tipos de produtos ou serviços trocados.

2. **Vendedores:** Os vendedores são entidades que fornecem bens, serviços ou mercadorias para satisfazer a procura dos compradores no mercado. Representam o lado da oferta do mercado e competem entre si para oferecer produtos ou serviços que satisfaçam efetivamente as necessidades dos compradores.

3. **Produtos/Serviços:** Os produtos ou serviços referem-se aos bens ou serviços trocados no mercado. Estes podem variar desde bens tangíveis como automóveis, eletrónica e vestuário até serviços intangíveis como cuidados de saúde, educação e serviços financeiros.

4. **Preço:** O preço é o valor monetário atribuído aos bens ou serviços trocados no mercado. Desempenha um papel crucial na determinação da quantidade procurada e oferecida, bem como na sinalização de informações sobre a escassez relativa e o valor dos produtos ou serviços.

5. **Procura:** A procura representa a quantidade de bens ou serviços que os compradores estão dispostos e são capazes de comprar a vários preços no mercado. As preferências dos consumidores, os níveis de rendimento, os preços dos bens relacionados e as condições gerais do mercado influenciam a procura.

6. **Oferta:** A oferta representa a quantidade de bens ou serviços que os vendedores estão dispostos e são capazes de oferecer a vários preços no mercado. É influenciada por factores como os custos de produção, a tecnologia, os preços dos factores de produção e o número de produtores que operam no mercado.

7. **Concorrência:** A concorrência refere-se à rivalidade entre os vendedores no mercado, que competem pela atenção e patrocínio dos compradores. Os mercados competitivos

apresentam normalmente vários vendedores que oferecem produtos ou serviços semelhantes, o que leva à concorrência de preços, à diferenciação de produtos e à inovação.

8. **Estrutura do mercado:** A estrutura do mercado refere-se às caraterísticas organizacionais e competitivas do mercado, incluindo o número de compradores e vendedores, o grau de diferenciação do produto, as barreiras à entrada e à saída e a presença de regulamentações do mercado. As estruturas de mercado mais comuns incluem a concorrência perfeita, o monopólio, a concorrência monopolística e o oligopólio.

9. **Regulação:** A regulação do mercado envolve políticas, leis e regulamentos governamentais que influenciam o funcionamento do mercado. Os regulamentos podem abordar questões como a proteção do consumidor, práticas antitrust, normas de segurança dos produtos e regulamentos ambientais para garantir uma concorrência leal e a eficiência do mercado.

10. **Factores externos:** Factores externos como as condições económicas, os avanços tecnológicos, as tendências sociais e culturais, as alterações demográficas e os acontecimentos geopolíticos podem também influenciar a dinâmica do mercado, afectando tanto as condições da procura como da oferta.

Componentes do marketing

Os componentes do marketing incluem uma variedade de elementos que contribuem coletivamente para o desenvolvimento, implementação e avaliação das estratégias e tácticas de marketing. Existem os principais componentes do marketing:

1. **Pesquisa de mercado**: Os estudos de mercado envolvem a recolha, análise e interpretação de dados relacionados com as tendências do mercado, as preferências dos consumidores, os cenários competitivos e outros factores relevantes. Fornece

informações sobre as necessidades, os comportamentos e as preferências dos clientes, que informam a tomada de decisões estratégicas e o desenvolvimento de planos de marketing.

2. **Identificação do mercado-alvo**: A identificação do mercado-alvo envolve a identificação de segmentos específicos da população com maior probabilidade de se interessarem e beneficiarem dos produtos ou serviços de uma empresa. Este processo inclui a segmentação demográfica, psicográfica, geográfica e comportamental para definir perfis de clientes-alvo e adaptar os esforços de marketing em conformidade.

3. **Desenvolvimento de produtos**: O desenvolvimento de produtos implica concetualizar, conceber e criar novos produtos ou aperfeiçoar os existentes para satisfazer as necessidades e preferências dos clientes-alvo. Envolve aspectos como a conceção do produto, as caraterísticas, a funcionalidade, a qualidade, a marca e a embalagem para criar ofertas que proporcionem valor e se diferenciem da concorrência.

4. **Estratégia de fixação de preços**: A estratégia de fixação de preços consiste em determinar o melhor preço para os produtos ou serviços com base em factores como os custos, a concorrência, a procura dos clientes e o valor percebido. As tácticas de fixação de preços, como a fixação de preços com base nos custos, a fixação de preços com base no valor, a fixação de preços competitivos e a fixação de preços dinâmicos, são utilizadas para maximizar as receitas e a rentabilidade, mantendo a competitividade no mercado.

5. **Estratégia de distribuição**: A estratégia de distribuição, também conhecida como estratégia de localização, envolve a decisão sobre a forma como os produtos ou serviços serão disponibilizados aos clientes-alvo. Engloba decisões relacionadas com os canais de distribuição, logística, gestão de inventário, armazenamento, transporte e estratégias de venda a retalho para garantir que os produtos chegam aos

clientes de forma eficiente e eficaz.

6. **Estratégia de promoção**: A estratégia de promoção envolve o desenvolvimento e a implementação de actividades promocionais para comunicar a proposta de valor dos produtos ou serviços aos clientes-alvo e estimular a procura. Inclui a publicidade, a promoção de vendas, as relações públicas, o marketing direto, o marketing digital e outras tácticas promocionais destinadas a criar consciência, gerar interesse e impulsionar o comportamento de compra.

7. **Comunicações de marketing**: As comunicações de marketing envolvem a criação e a divulgação de mensagens de marketing para públicos-alvo através de vários canais de comunicação. Inclui o desenvolvimento de material de marketing, a criação de conteúdos, a redação, o design gráfico, o planeamento dos meios de comunicação e a execução para transmitir mensagens coerentes e convincentes que tenham impacto nos clientes.

8. **Gestão da marca**: A gestão da marca envolve a construção, manutenção e melhoria da reputação, identidade e imagem de uma marca na mente dos consumidores. Inclui actividades como o posicionamento da marca, as mensagens da marca, a narrativa da marca, a gestão do património da marca e as estratégias de extensão da marca para criar marcas fortes e diferenciadas que se ligam a públicos-alvo.

9. **Gestão das relações com os clientes (CRM)**: A gestão da relação com o cliente envolve a gestão de interações e relações com os clientes ao longo do seu ciclo de vida para maximizar a sua satisfação, fidelização e retenção. Inclui estratégias e tácticas como a segmentação de clientes, o marketing personalizado, os programas de fidelização, a gestão de feedback e o apoio ao cliente para criar relações duradouras e lucrativas com os clientes.

10. **Análise de marketing e medição do desempenho**: A análise de marketing e a medição do desempenho envolvem o

acompanhamento, a análise e a avaliação da eficácia e do impacto das actividades e campanhas de marketing. Inclui métricas como as receitas de vendas, o retorno do investimento (ROI), o custo de aquisição do cliente (CAC), o valor do tempo de vida do cliente (CLV), as taxas de conversão e outros indicadores-chave de desempenho (KPI) para avaliar o desempenho do marketing, otimizar estratégias e informar a tomada de decisões.

Dimensões de um mercado

As dimensões de um mercado referem-se a vários aspectos ou caraterísticas que definem a sua estrutura, âmbito e dinâmica. Existem algumas dimensões-chave do mercado:

1. **Dimensão**: A dimensão de um mercado refere-se ao volume ou valor total de bens, serviços ou mercadorias trocados no mesmo durante um período específico. Pode ser medida em termos de receitas de vendas, unidades vendidas ou capitalização de mercado, consoante a natureza do mercado.

2. **Âmbito geográfico**: O âmbito geográfico de um mercado refere-se à área geográfica ou região em que ocorrem as transacções de câmbio. Os mercados podem variar de mercados locais e regionais a mercados nacionais, internacionais ou globais, dependendo do alcance e da escala das actividades económicas.

3. **Segmentação**: A segmentação do mercado envolve a divisão do mercado global em subgrupos ou segmentos distintos com base em critérios específicos, como dados demográficos, psicográficos, comportamento ou localização geográfica. A segmentação permite que as empresas visem segmentos específicos de clientes com estratégias e ofertas de marketing adaptadas.

4. **Setor**: A dimensão industrial de um mercado refere-se ao sector ou categoria de produtos, serviços ou mercadorias que

nele são transaccionados. Os mercados podem ser classificados em vários sectores, como o automóvel, a tecnologia, os cuidados de saúde, as finanças, os bens de consumo e a hotelaria, cada um com as suas caraterísticas e dinâmicas únicas.

5. **Concorrência**: A dimensão concorrencial de um mercado diz respeito ao nível de concorrência entre os vendedores que nele operam. Os mercados podem apresentar diferentes graus de competitividade, desde a concorrência perfeita, com muitas pequenas empresas, ao monopólio, com um único vendedor dominante, ao oligopólio ou à concorrência monopolística, com algumas grandes empresas.

6. **Ambiente regulatório**: O ambiente regulamentar de um mercado engloba as políticas, leis e regulamentos governamentais que regem as actividades económicas no mercado. Os factores regulamentares podem incluir requisitos de licenciamento, normas industriais, barreiras comerciais, políticas fiscais e leis de proteção do consumidor, que podem influenciar a estrutura e o comportamento do mercado.

7. **Tecnologia**: A dimensão tecnológica de um mercado refere-se ao papel da tecnologia na formação da dinâmica e das oportunidades do mercado. Os avanços tecnológicos como a digitalização, a automação, o comércio eletrónico e a análise de dados podem perturbar as estruturas tradicionais do mercado, criar novos modelos de negócio e abrir caminhos para a inovação e o crescimento.

8. **Comportamento do consumidor**: O comportamento do consumidor é uma dimensão crucial do mercado, representando as acções, preferências e processos de tomada de decisão dos compradores no mercado. Compreender o comportamento do consumidor ajuda as empresas a antecipar as tendências do mercado, a adaptar as suas ofertas e a desenvolver estratégias de marketing eficazes para

satisfazer as necessidades e preferências dos consumidores.

9. **Cadeia de abastecimento**: A dimensão da cadeia de abastecimento de um mercado engloba a rede de fornecedores, fabricantes, distribuidores, retalhistas e outros intermediários envolvidos na colocação de produtos ou serviços no mercado. Uma gestão eficiente da cadeia de abastecimento é essencial para garantir a entrega atempada, o controlo da qualidade e a distribuição rentável de bens e serviços.

10. **Tendências e dinâmicas**: As tendências e a dinâmica do mercado referem-se aos padrões, mudanças e desenvolvimentos que influenciam o comportamento e o desempenho do mercado ao longo do tempo. A monitorização de tendências como as mudanças nas preferências dos consumidores, inovações tecnológicas, ciclos económicos e forças competitivas ajuda as empresas a adaptar as suas estratégias e a manterem-se competitivas em mercados dinâmicos.

As dimensões do marketing englobam vários aspectos ou elementos que definem o âmbito, as estratégias e as actividades envolvidas nos esforços de marketing. Existem dimensões-chave do marketing:

1. **Dimensão do produto**: A dimensão do produto do marketing centra-se na conceção, desenvolvimento e gestão dos produtos ou serviços oferecidos aos clientes. Envolve aspectos como as caraterísticas do produto, a qualidade, a marca, a embalagem e a gestão do ciclo de vida.

2. **Dimensão do preço**: A dimensão do preço do marketing está relacionada com a determinação de estratégias e tácticas de fixação de preços para produtos ou serviços. Envolve a fixação de preços que reflectem a proposta de valor, a dinâmica competitiva, as considerações de custo e os objectivos de fixação de preços da empresa.

3. **Dimensão Local (Distribuição)**: A dimensão local do

marketing diz respeito à distribuição e disponibilidade de produtos ou serviços para os clientes-alvo. Envolve decisões relacionadas com os canais de distribuição, logística, armazenamento, transporte e estratégias de venda a retalho para garantir que os produtos chegam aos clientes de forma eficiente e eficaz.

4. **Dimensão da promoção**: A dimensão de promoção do marketing envolve a comunicação e a promoção de produtos ou serviços para públicos-alvo. Engloba a publicidade, a promoção de vendas, as relações públicas, o marketing direto, o marketing digital e outras actividades promocionais destinadas a criar consciência, gerar interesse e impulsionar o comportamento de compra dos clientes.

5. **Dimensão das pessoas**: A dimensão "pessoas" do marketing centra-se na compreensão e na resposta às necessidades, preferências e comportamentos dos clientes, empregados e outras partes interessadas. Envolve esforços para criar relações positivas, melhorar as experiências dos clientes e promover a sua fidelidade através de estratégias eficazes de comunicação e envolvimento.

6. **Dimensão do processo**: A dimensão do processo de marketing está relacionada com a conceção e gestão de processos e sistemas para fornecer produtos ou serviços aos clientes. Envolve a racionalização dos processos empresariais, a melhoria da eficiência e a otimização dos pontos de contacto com o cliente para melhorar a experiência e a satisfação geral do cliente.

7. **Dimensão da evidência física**: A dimensão das provas físicas do marketing refere-se aos elementos tangíveis que os clientes encontram quando interagem com um produto ou serviço. Inclui aspectos como o ambiente físico, as instalações, o equipamento, a embalagem e a marca, que contribuem para moldar as percepções e experiências dos clientes.

8. **Dimensão do desempenho**: A dimensão de desempenho do

marketing envolve a medição e a avaliação da eficácia e do impacto das actividades e estratégias de marketing. Inclui métricas como as receitas das vendas, a quota de mercado, a satisfação do cliente, o conhecimento da marca, o retorno do investimento (ROI) e outros indicadores-chave de desempenho (KPI) para avaliar o desempenho do marketing e informar a tomada de decisões.

9. **Dimensão das parcerias**: A dimensão das parcerias do marketing envolve a criação e gestão de parcerias estratégicas e alianças com outras organizações, fornecedores, distribuidores, influenciadores e partes interessadas. Inclui esforços de colaboração destinados a potenciar forças, recursos e redes complementares para atingir objectivos mútuos e criar valor partilhado para todas as partes envolvidas.

10. **Dimensão do objetivo**: A dimensão do objetivo do marketing realça as considerações sociais e éticas mais amplas que orientam as práticas e estratégias de marketing. Envolve o alinhamento dos esforços de marketing com a responsabilidade social das empresas (RSE), os objectivos de sustentabilidade, as normas éticas e os valores para causar um impacto positivo na sociedade e contribuir para a sustentabilidade e o sucesso a longo prazo.

Capítulo 2: Estrutura do mercado

Estrutura do mercado

A estrutura de mercado refere-se à organização e às caraterísticas de um mercado, em especial à natureza da concorrência e à fixação dos preços dos produtos e serviços nesse mercado. Compreender a estrutura do mercado é crucial para as empresas, economistas e decisores políticos, uma vez que influencia as decisões estratégicas, as políticas económicas e as medidas regulamentares. Este capítulo explora os vários tipos de estruturas de mercado, as suas caraterísticas e as suas implicações para os participantes no mercado.

Determinantes da estrutura do mercado

Vários factores determinam a estrutura de um mercado:

1. Número de empresas

O número de empresas num mercado influencia o nível de concorrência. Um maior número de empresas conduz normalmente a uma maior concorrência, enquanto um menor número de empresas pode resultar numa concentração do poder de mercado.

2. Distribuição da quota de mercado

A distribuição das quotas de mercado entre as empresas afecta a dinâmica do mercado. Uma elevada concentração num pequeno número de empresas sugere uma menor concorrência, enquanto uma distribuição mais homogénea indica uma maior concorrência.

3. Natureza do produto

O facto de os produtos serem homogéneos ou diferenciados tem impacto na concorrência. Os produtos homogéneos conduzem à concorrência de preços, enquanto os produtos diferenciados conduzem à concorrência com base nas caraterísticas, na qualidade e na marca.

4. Barreiras de entrada e saída

As barreiras à entrada e à saída, como os elevados custos de arranque, os conhecimentos tecnológicos e os requisitos regulamentares, determinam a facilidade com que as novas empresas podem entrar ou sair do mercado.

5. Grau de integração vertical

A medida em que as empresas controlam a sua cadeia de abastecimento, desde as matérias-primas até aos produtos finais, pode influenciar o poder de mercado e a dinâmica da concorrência.

6. Disponibilidade de informações

A disponibilidade e a simetria da informação entre os participantes no mercado afectam a concorrência. A informação perfeita conduz a mercados eficientes, enquanto a assimetria de informação pode criar poder de mercado e ineficiências.

Classificação do mercado

1. Classificação por tipo de bens e serviços

Os mercados podem ser classificados com base na natureza dos bens e serviços transaccionados.

1. Mercados de bens de consumo

- Descrição: Mercados de bens vendidos a consumidores finais para uso pessoal.

- Exemplos: Mercados de vestuário, eletrónica e artigos para o lar.

2. Mercados de bens industriais

- Descrição: Mercados de bens utilizados na produção e nos processos industriais.

- Exemplos: Mercados de máquinas, matérias-primas e peças.

3. Mercados de serviços

- Descrição: Mercados onde são prestados serviços aos consumidores e às empresas.

- Exemplos: Banca, cuidados de saúde e serviços profissionais.

4. Mercados financeiros

- Descrição: Mercados onde são transaccionados instrumentos financeiros.

- Exemplos: Mercados de acções, mercados de obrigações e mercados cambiais.

2. Classificação por âmbito geográfico

Os mercados podem ser categorizados com base no seu alcance geográfico.

1. Mercados locais

- Descrição: Mercados que operam numa área geográfica limitada.

- Exemplos: Mercados de agricultores e lojas de bairro.

2. Mercados nacionais

- Descrição: Mercados que operam dentro das fronteiras de um único país.

- Exemplos: Cadeias de retalho nacionais e sítios de comércio eletrónico nacionais.

3. Mercados internacionais

- Descrição: Mercados que abrangem vários países.

- Exemplos: O comércio internacional de produtos de base e as empresas multinacionais.

4. Mercados globais

- Descrição: Mercados que abrangem o mundo inteiro.

- Exemplos: Mercados petrolíferos globais e mercados financeiros mundiais.

3. Classificação por ambiente regulamentar

Os mercados também são classificados com base no grau de regulamentação governamental.

1. Mercados regulamentados

- Descrição: Mercados com uma supervisão governamental significativa para controlar os preços, a entrada e outros aspectos.

- Exemplos: Mercados de serviços públicos e de cuidados de saúde em muitas regiões.

2. Mercados desregulamentados

- Descrição: Mercados com intervenção mínima do governo, permitindo a livre concorrência.

- Exemplos: Muitos mercados tecnológicos e de retalho.

3. Mercados negros

- Descrição: Mercados ilegais onde são transaccionados bens e serviços sem controlo legal.

- Exemplos: Mercados de drogas ilícitas e de mercadorias de contrabando.

4. Classificação por tipo de transação

Os mercados também podem ser classificados de acordo com a natureza das transacções que se realizam.

1. Mercados à vista

- Descrição: Mercados onde os bens e serviços são trocados para entrega e pagamento imediatos.

- Exemplos: Mercados de produtos frescos e mercados de mercadorias a pronto pagamento.

2. Mercados de Futuros

- Descrição: Mercados em que são celebrados contratos de compra e venda de bens numa data futura.

- Exemplos: Bolsas de futuros para produtos agrícolas, metais e energia.

3. Mercados de leilões

- Descrição: Mercados onde os bens são vendidos a quem fizer a melhor oferta.

- Exemplos: Leilões de arte e leilões de gado.

4. Mercados diretos

- Descrição: Mercados em que as transacções ocorrem diretamente entre compradores e vendedores, sem intermediários.

- Exemplos: Plataformas peer-to-peer e empresas de venda direta.

5. Classificação por mecanismos de mercado

O funcionamento e a estrutura dos mercados também podem servir de base para a classificação.

1. Mercados físicos

- Descrição: Mercados onde compradores e vendedores se encontram pessoalmente para efetuar transacções.

- Exemplos: Lojas de retalho tradicionais e mercados de agricultores.

2. Mercados electrónicos

- Descrição: Mercados em que as transacções são realizadas através de redes electrónicas, normalmente a Internet.

- Exemplos: Mercados em linha como a Amazon e o eBay.

3. Mercados de balcão (OTC)

- Descrição: Mercados descentralizados onde a negociação é feita diretamente entre as partes sem uma troca formal.

- Exemplos: Mercados OTC de valores mobiliários e de produtos farmacêuticos.

4. Mercados cambiais

- Descrição: Mercados centralizados em que os valores mobiliários, as mercadorias ou outros bens são transaccionados em bolsas organizadas.

- Exemplos: Bolsas de valores como a NYSE e bolsas de mercadorias como a CME.

6. Classificação por natureza da concorrência

As estruturas de mercado podem ser classificadas em quatro tipos principais: concorrência perfeita, concorrência monopolística, oligopólio e monopólio. Cada tipo representa um nível diferente de concorrência e de poder de mercado.

1. Concorrência perfeita

A concorrência perfeita surge quando todas as empresas vendem produtos idênticos, a quota de mercado não tem impacto no preço, as empresas podem entrar ou sair livremente, os compradores têm informação perfeita e as empresas não podem influenciar os preços.

Caraterísticas:

1. **Muitos compradores e vendedores**: O mercado é composto por um grande número de compradores e vendedores, nenhum dos quais pode influenciar individualmente o preço

de mercado.

2. **Produtos homogéneos**: Todas as empresas produzem produtos idênticos ou muito semelhantes, o que faz com que o produto de cada empresa seja um substituto perfeito para as outras.

3. **Livre entrada e saída**: Não existem barreiras à entrada ou saída, permitindo que as empresas entrem ou saiam livremente do mercado com base na rendibilidade.

4. **Informação perfeita**: Todos os compradores e vendedores dispõem de informações completas sobre preços, produtos e condições de mercado, o que garante uma tomada de decisões informada.

5. **Tomadores de preços**: As empresas individuais são tomadoras de preços, o que significa que aceitam o preço de mercado como dado e não o podem influenciar alterando os seus níveis de produção.

6. **Mobilidade perfeita**: Os factores de produção (terra, trabalho, capital) são perfeitamente móveis, permitindo um fácil ajustamento às condições de mercado em mudança.

Implicações:

1. **Determinação do preço**: O preço de mercado é determinado pela intersecção das curvas da oferta e da procura em todo o sector. As empresas individuais devem aceitar este preço.

2. **Maximização dos lucros**: As empresas maximizam o lucro produzindo a quantidade de produto em que o custo marginal (MC) é igual à receita marginal (MR), que em concorrência perfeita é também igual ao preço de mercado ($P = MC = MR$).

3. **Lucros normais no longo prazo**: No curto prazo, as empresas podem obter lucros económicos ou incorrer em perdas. No entanto, a longo prazo, a livre entrada e saída garante que as empresas obtêm apenas lucros normais (lucro económico zero). Os lucros económicos atraem novas empresas, aumentando a oferta e fazendo baixar os preços, enquanto os

prejuízos obrigam as empresas a sair, diminuindo a oferta e fazendo subir os preços.

4. **Eficiência alocativa**: A concorrência perfeita conduz à eficiência alocativa porque as empresas produzem a um nível em que o preço é igual ao custo marginal de produção (P = MC), assegurando que os recursos são afectados de forma a maximizar o excedente total.

5. **Eficiência produtiva**: As empresas em concorrência perfeita operam no ponto mais baixo das suas curvas de custo médio a longo prazo, assegurando que os bens são produzidos ao menor custo possível.

6. **Bem-estar dos consumidores**: Os consumidores beneficiam dos preços mais baixos possíveis e do máximo excedente de consumo devido a uma concorrência intensa e a uma afetação eficiente dos recursos.

7. **Ausência de concorrência não relacionada com o preço**: Uma vez que os produtos são homogéneos, as empresas não recorrem à publicidade ou a outras formas de concorrência não relacionada com os preços.

2. Monopólio

Um monopólio é uma estrutura de mercado em que um único vendedor ou produtor detém uma posição dominante numa indústria ou sector.

Caraterísticas:

1. **Vendedor único**: O mercado é dominado por uma empresa, que é o único produtor e vendedor de um determinado produto ou serviço.

2. **Ausência de substitutos próximos**: O produto ou serviço oferecido pelo monopolista não tem substitutos próximos, dando à empresa um poder de mercado significativo.

3. **Barreiras elevadas à entrada**: Existem barreiras

significativas à entrada que impedem outras empresas de entrar no mercado. Estas podem incluir barreiras legais (patentes, licenças), custos de arranque elevados, controlo de recursos essenciais e economias de escala.

4. **Formador de preços**: O monopolista é um formador de preços, o que significa que pode fixar o preço do seu produto porque controla toda a oferta do mercado.

5. **Controlo do mercado**: O monopolista pode influenciar a oferta total do mercado e, consequentemente, o preço de mercado.

Implicações:

1. **Poder de fixação de preços**: O monopolista pode fixar preços mais elevados do que nos mercados concorrenciais, uma vez que não enfrenta concorrência. Este facto pode conduzir a preços mais elevados para os consumidores.

2. **Maximização dos lucros**: Um monopolista maximiza o lucro quando o custo marginal (MC) é igual à receita marginal (MR), fixando um preço superior ao custo marginal, o que conduz a uma ineficiência de afetação.

3. **Excedente do consumidor**: O poder de monopólio pode reduzir o excedente do consumidor porque os consumidores pagam preços mais elevados e podem consumir menos do bem ou serviço do que num mercado competitivo.

4. **Lucros económicos**: Os monopólios podem obter lucros económicos sustentados devido à falta de concorrência e aos elevados obstáculos à entrada.

5. **Ineficiência**: Os monopólios podem conduzir a ineficiências alocativas e produtivas. A ineficiência alocativa ocorre porque o preço excede o custo marginal, e a ineficiência produtiva acontece porque a empresa pode não produzir no ponto mais baixo da sua curva de custo médio.

6. **Inovação e I&D**: Os monopólios podem ter menos incentivos para inovar devido à ausência de pressão concorrencial. No

entanto, podem também dispor de mais recursos para investir em investigação e desenvolvimento devido aos lucros mais elevados.

7. **Discriminação de preços**: Os monopolistas podem praticar discriminação de preços, cobrando preços diferentes a diferentes grupos de consumidores com base na sua disponibilidade para pagar, o que pode aumentar os lucros do monopolista.

8. **Regulamentação**: Os governos podem regulamentar os monopólios para evitar abusos de poder de mercado, proteger os consumidores e garantir preços justos. Isto pode incluir leis antitrust, controlos de preços e outras medidas regulamentares.

3. Concorrência monopolística

A concorrência monopolística é uma estrutura de mercado caracterizada pela presença de muitas empresas numa indústria, cada uma produzindo produtos semelhantes mas diferenciados. Nenhuma das empresas detém o monopólio e cada uma delas opera de forma independente, sem ter em conta as acções das outras. Exemplos de sectores com concorrência monopolística são os salões de cabeleireiro e o vestuário.

Caraterísticas:

1. **Muitos vendedores**: O mercado apresenta um grande número de pequenas empresas, cada uma com uma quota de mercado relativamente pequena.

2. **Diferenciação de produtos**: As empresas oferecem produtos semelhantes, mas não idênticos, o que lhes permite ter um certo grau de poder de mercado. A diferenciação pode basear-se na qualidade, nas caraterísticas, na marca ou no serviço ao cliente.

3. **Livre entrada e saída**: As barreiras à entrada e à saída são reduzidas, o que facilita a entrada de novas empresas no

mercado e a sua concorrência, bem como a saída das empresas existentes caso não sejam rentáveis.

4. **Tomada de decisão independente**: Cada empresa toma decisões independentes sobre os preços e a produção sem considerar as reacções das outras empresas, ao contrário do que acontece no oligopólio.

5. **Concorrência não relacionada com o preço**: As empresas dependem fortemente da publicidade, da embalagem, da qualidade dos produtos e do serviço de apoio ao cliente para atrair clientes e criar fidelidade à marca.

6. **Algum grau de poder de mercado**: Devido à diferenciação dos produtos, as empresas têm algum controlo sobre os preços dos seus produtos, mas continuam a enfrentar a concorrência de outras empresas que oferecem produtos semelhantes.

Implicações:

1. **Poder de fixação de preços**: As empresas têm alguma capacidade para fixar preços acima do custo marginal devido à diferenciação dos produtos. No entanto, a presença de muitos substitutos limita o seu poder de fixação de preços.

2. **Excesso de capacidade**: As empresas em concorrência monopolística produzem normalmente abaixo da sua capacidade, o que conduz a um excesso de capacidade no sector. Isto deve-se ao facto de as empresas não produzirem no ponto mais baixo das suas curvas de custos médios.

3. **Lucros a curto prazo**: A curto prazo, as empresas podem obter lucros económicos se conseguirem diferenciar eficazmente os seus produtos e atrair clientes.

4. **Lucros normais a longo prazo**: A longo prazo, a entrada de novas empresas no mercado conduz os lucros económicos a zero, levando as empresas a obter apenas lucros normais. Os novos operadores corroem a quota de mercado e os lucros das empresas existentes.

5. **Variedade de produtos**: Os consumidores beneficiam de uma

grande variedade de produtos devido à diferenciação, o que pode levar a uma maior satisfação do consumidor.

6. **Publicidade e marca**: É comum a realização de despesas significativas com publicidade e branding, uma vez que as empresas tentam diferenciar os seus produtos e atrair uma base de clientes fiéis.

7. **Ineficiência**: A concorrência monopolística pode conduzir a ineficiências alocativas e produtivas. A ineficiência alocativa ocorre porque o preço é superior ao custo marginal, e a ineficiência produtiva surge porque as empresas não produzem no ponto mais baixo das suas curvas de custo médio.

8. **Inovação e melhoria**: As empresas inovam e melhoram continuamente os seus produtos para manter uma vantagem competitiva e atrair clientes, conduzindo a uma eficiência dinâmica e a benefícios para os consumidores.

4. Concorrência em oligopólio

O oligopólio é um tipo de concorrência imperfeita que ocorre quando existe um pequeno número de vendedores num mercado. Este número pode variar entre dois e dez vendedores e estes podem vender produtos semelhantes ou diferentes. Um exemplo de um oligopólio é o sector dos refrigerantes.

Caraterísticas:

1. **Poucas empresas dominantes**: O mercado é constituído por um pequeno número de grandes empresas que dominam a quota de mercado.

2. **Interdependência**: As empresas num oligopólio são altamente interdependentes. As acções de uma empresa, como a alteração de preços ou o lançamento de um novo produto, afectam significativamente as outras.

3. **Barreiras à entrada**: Existem elevadas barreiras à entrada devido a economias de escala, elevados requisitos de capital,

fidelidade à marca, patentes e regulamentação governamental, o que dificulta a entrada de novas empresas no mercado.

4. **Diferenciação ou homogeneidade do produto**: Os produtos podem ser homogéneos (por exemplo, aço, petróleo) ou diferenciados (por exemplo, automóveis, smartphones).

5. **Concorrência não relacionada com o preço**: As empresas concorrem frequentemente com base noutros factores que não o preço, como a publicidade, a qualidade do produto, o serviço ao cliente e as caraterísticas do produto, para evitar guerras de preços.

6. **Rigidez dos preços**: Os preços tendem a ser rígidos porque as empresas têm receio de iniciar guerras de preços que possam provocar a erosão dos lucros.

7. **Potencial de conluio**: As empresas podem envolver-se em conluios explícitos ou tácitos para controlar os preços e a produção, conduzindo a preços mais elevados para os consumidores. Esta situação pode assumir a forma de cartéis formais ou de acordos informais.

8. **Poder de mercado**: cada empresa tem um poder de mercado considerável para influenciar os preços e a produção, mas nenhuma empresa controla a totalidade do mercado.

Implicações:

1. **Fixação estratégica de preços**: As empresas adoptam comportamentos estratégicos de fixação de preços, como a liderança de preços (quando uma empresa fixa o preço que as outras seguem), a fixação de preços predatórios (redução temporária dos preços para afastar os concorrentes) e a fixação de preços colusiva (fixação de preços coletivamente).

2. **Curva da procura dobrada**: Esta teoria sugere que as empresas se deparam com uma curva de procura dobrada, em que um aumento de preços por uma empresa não será seguido por outras (levando a uma perda de quota de

mercado), mas uma diminuição de preços será acompanhada por outras (levando a nenhum ganho de quota de mercado, mas a lucros reduzidos).

3. **Elevado nível de publicidade e marketing**: As empresas investem fortemente em publicidade e marketing para criar lealdade à marca e diferenciar os seus produtos.

4. **Inovação e Investigação e Desenvolvimento (I&D)**: As empresas oligopolistas investem frequentemente em I&D para inovar e desenvolver novos produtos, o que pode proporcionar uma vantagem competitiva e atrair mais clientes.

5. **Impacto nos consumidores**: Os consumidores podem beneficiar de produtos e serviços melhorados devido à inovação e à concorrência em relação a factores não relacionados com os preços, mas podem também ver-se confrontados com preços mais elevados e menos possibilidades de escolha se ocorrer uma colusão.

6. **Eficiência económica**: Os oligopólios podem conduzir à ineficiência produtiva (custos mais elevados devido à falta de concorrência) e à ineficiência alocativa (preços superiores ao custo marginal), embora as grandes empresas possam também beneficiar de economias de escala.

7. **Questões de regulamentação e antitrust**: Os governos podem implementar leis e regulamentos antitrust para evitar práticas anti-concorrenciais, como a colusão e o abuso de poder de mercado, para proteger os consumidores e garantir uma concorrência leal.

8. **Dissuasão estratégica da entrada**: As empresas existentes podem tomar medidas para dissuadir novos operadores, como aumentar a capacidade, fazer publicidade intensa ou adotar estratégias de preços predatórias para manter a sua posição no mercado.

5. Concorrência Oligopolística

Caraterísticas:

1. **Poucos vendedores**: O mercado é dominado por um pequeno número de grandes empresas, cada uma das quais com um poder de mercado significativo.

2. **Interdependência**: As empresas estão conscientes das acções umas das outras. As decisões de uma empresa influenciam e são influenciadas pelas decisões de outras empresas no mercado.

3. **Barreiras à entrada**: Existem barreiras significativas à entrada, que impedem que novas empresas entrem facilmente no mercado. Estas barreiras podem incluir custos de arranque elevados, acesso à tecnologia, economias de escala e uma forte identidade de marca.

4. **Diferenciação dos produtos**: Os produtos podem ser homogéneos (idênticos) ou diferenciados (semelhantes mas não idênticos). O grau de diferenciação pode influenciar as estratégias competitivas.

5. **Concorrência não relacionada com o preço**: As empresas concorrem frequentemente com base noutros factores que não o preço, como a publicidade, a qualidade dos produtos e o serviço ao cliente, devido ao risco de guerras de preços.

6. **Poder de mercado**: cada empresa tem poder de mercado suficiente para influenciar o preço de mercado até certo ponto, mas nenhuma empresa pode ditar todas as condições de mercado.

7. **Rigidez dos preços**: Os preços tendem a ser mais rígidos nos mercados oligopolistas. As empresas têm frequentemente relutância em alterar os preços por receio de desencadear uma guerra de preços.

8. **Conluio e cartéis**: Existe a possibilidade de as empresas entrarem em conluio, explícita ou tacitamente, para fixar preços e níveis de produção, maximizando assim os lucros

conjuntos.

Implicações:

1. **Estratégias de fixação de preços**: As empresas podem utilizar estratégias de fixação de preços, incluindo a correspondência de preços, a liderança de preços e a colusão tácita, para manter a estabilidade do mercado e maximizar os lucros.

2. **Curva da procura dobrada**: A teoria da curva de procura dobrada sugere que os preços nos mercados oligopolistas são relativamente estáveis porque as empresas acompanham as descidas de preços, mas não os aumentos de preços.

3. **Publicidade e marketing**: As despesas significativas em publicidade e marketing são comuns, uma vez que as empresas procuram diferenciar os seus produtos e criar lealdade à marca.

4. **Inovação e I&D**: As empresas oligopolistas investem muitas vezes fortemente em investigação e desenvolvimento para inovar e melhorar os produtos, criando vantagens competitivas e mantendo a quota de mercado.

5. **Escolha do consumidor**: Os consumidores podem beneficiar da variedade e da inovação dos produtos, mas podem ser confrontados com preços mais elevados devido à concorrência limitada.

6. **Questões de regulamentação e antitrust**: Os governos podem intervir para impedir a colusão e promover a concorrência através de leis e regulamentos antitrust.

7. **Eficiência económica**: Embora os oligopólios possam realizar economias de escala, podem também conduzir a ineficiências de afetação e de produção devido ao poder de mercado das empresas.

8. **Comportamento estratégico**: As empresas adoptam um comportamento estratégico, como a criação de barreiras à entrada, contratos exclusivos e programas de fidelização, para

manter o domínio do mercado.

Medição da estrutura do mercado

São utilizados vários indicadores e modelos para avaliar a estrutura e a concentração do mercado, incluindo:

1. Rácios de concentração

Os rácios de concentração medem a quota de mercado das maiores empresas de um sector. Os rácios habitualmente utilizados incluem o rácio de concentração de quatro empresas (RC4) e o rácio de concentração de oito empresas (RC8). Rácios de concentração mais elevados indicam um mercado mais concentrado, sugerindo frequentemente caraterísticas oligopolísticas ou monopolísticas.

2. Índice Herfindahl-Hirschman (HHI)

O HHI é calculado através da soma dos quadrados das quotas de mercado de todas as empresas do sector. Fornece uma medida mais abrangente das quotas de mercado

concentração do que os rácios de concentração. Um IHH inferior a 1.500 indica um mercado competitivo, entre 1.500 e 2.500 sugere uma concentração moderada e acima de 2.500 indica uma concentração elevada.

Dinâmica das estruturas de mercado

As estruturas de mercado não são estáticas; podem evoluir devido a vários factores:

1. Avanços tecnológicos

As inovações tecnológicas podem perturbar as estruturas de mercado existentes, reduzindo os obstáculos à entrada, criando novos produtos ou melhorando a eficiência da produção. Por exemplo, o advento das plataformas digitais transformou muitos sectores de estruturas monopolistas ou oligopolistas em estruturas mais competitivas.

2. Alterações regulamentares

As políticas e regulamentações governamentais podem alterar as estruturas de mercado, promovendo a concorrência ou facilitando os monopólios. As leis antitrust, a desregulamentação e as políticas comerciais desempenham um papel importante na formação da dinâmica do mercado.

3. Globalização

A globalização aumenta a concorrência no mercado, permitindo a entrada de empresas estrangeiras nos mercados nacionais. Este facto pode conduzir a uma maior eficiência e a preços mais baixos, mas também pode colocar desafios às empresas locais.

Implicações estratégicas para as empresas

A compreensão da estrutura do mercado é crucial para as empresas, uma vez que influencia as suas decisões estratégicas:

1. Estratégias de fixação de preços

As empresas com diferentes estruturas de mercado adoptam estratégias de fixação de preços diferentes. Por exemplo, os mercados concorrenciais baseiam-se em preços determinados pelo mercado, enquanto os monopólios podem fixar preços com base na sua produção que maximiza os lucros.

2. Diferenciação de produtos

Na concorrência monopolística, a diferenciação dos produtos é fundamental para ganhar quota de mercado. As empresas investem em marcas, melhorias de qualidade e caraterísticas únicas para se destacarem.

3. Conluio e cooperação

Nos mercados oligopolistas, as empresas podem adotar estratégias de cooperação, como a formação de cartéis para controlar os preços. No entanto, esta prática é frequentemente ilegal e está sujeita a um controlo regulamentar.

4. Inovação e I&D

Em mercados altamente competitivos, a inovação contínua e o investimento em investigação e desenvolvimento (I&D) são essenciais para manter a vantagem competitiva e garantir o sucesso a longo prazo.

A estrutura do mercado tem um impacto profundo no comportamento das empresas, no bem-estar dos consumidores e na eficiência económica global. Ao compreender os diferentes tipos de estruturas de mercado e as suas implicações, as empresas podem tomar decisões estratégicas informadas e os decisores políticos podem conceber regulamentos eficazes para promover a concorrência leal e proteger os interesses dos consumidores. Como os mercados continuam a evoluir, estar atento às mudanças na estrutura do mercado continua a ser um aspeto crítico da análise económica e da estratégia empresarial.

Capítulo 3: Comercialização agrícola

Comercialização agrícola

A comercialização agrícola é uma componente crítica do sector agrícola, desempenhando um papel fundamental na circulação dos produtos agrícolas desde a exploração agrícola até ao consumidor. Engloba uma série de actividades que incluem o planeamento da produção, a colheita, o armazenamento, o transporte, a transformação, a embalagem, a distribuição e a venda de produtos agrícolas. O principal objetivo da comercialização agrícola é garantir que os agricultores recebam preços justos pelos seus produtos e que os consumidores tenham acesso a esses produtos a preços acessíveis. Este duplo objetivo exige um sistema bem coordenado que equilibre a oferta e a procura, optimize a utilização dos recursos e minimize as perdas ao longo da cadeia de abastecimento.

A importância da comercialização agrícola ultrapassa a mera facilitação das transacções. Tem um impacto na estabilidade económica e no crescimento das comunidades rurais, influencia a segurança alimentar e a estabilidade dos preços e promove o desenvolvimento rural. Sistemas eficientes de comercialização agrícola podem aumentar o rendimento dos agricultores, criar oportunidades de emprego e estimular o investimento em infra-estruturas rurais. Além disso, à medida que a globalização integra os mercados, a comercialização agrícola também envolve a navegação em regulamentos, normas e dinâmicas competitivas do comércio internacional para maximizar o potencial de exportação e assegurar a competitividade global.

Na sua essência, a comercialização agrícola não se limita à venda de produtos; envolve planeamento estratégico, estudos de mercado, gestão logística e adição de valor, tudo com o objetivo de criar um fluxo contínuo de bens dos produtores para os consumidores. Por conseguinte, compreender e melhorar os sistemas de comercialização agrícola é fundamental para o desenvolvimento sustentável do sector agrícola e da economia em geral.

Significado

A comercialização agrícola engloba as várias actividades envolvidas no transporte de produtos agrícolas da exploração agrícola para o consumidor. Inclui o planeamento, a organização, a direção e o manuseamento dos produtos agrícolas, de modo a que os agricultores obtenham o máximo rendimento dos seus produtos e os consumidores os obtenham ao menor custo possível. Abrange um vasto espetro de funções, incluindo a produção, a colheita, o armazenamento, o transporte, a transformação, a embalagem e a distribuição.

Definição

A comercialização agrícola pode ser definida como a série de serviços envolvidos no transporte de um produto agrícola da exploração agrícola para o consumidor. Inclui o planeamento da produção, o cultivo, a colheita, a classificação, a embalagem, o transporte, a armazenagem, a transformação agroalimentar, a distribuição, a publicidade e a venda. Qualquer sistema de comercialização agrícola, independentemente do seu tipo, deve garantir que o produto esteja disponível no mercado no momento certo, na quantidade certa e com a qualidade certa, assegurando simultaneamente rendimentos justos para os agricultores e preços acessíveis para os consumidores.

Âmbito de aplicação

O âmbito da comercialização agrícola é vasto e multifacetado. Inclui:

- **Estudos de mercado:** Compreender as necessidades, preferências e tendências de mercado dos consumidores.
- **Planeamento da produção:** Assegurar que a produção satisfaz as exigências do mercado.
- **Colheita e armazenamento:** Métodos corretos para manter a qualidade e reduzir as perdas pós-colheita.
- **Transporte:** Logística eficiente para transportar os produtos

das explorações agrícolas para os mercados.

- **Transformação e acondicionamento:** Acrescentar valor e garantir a qualidade e a segurança dos produtos agrícolas.

- **Distribuição:** Assegurar que os produtos chegam aos consumidores através de cadeias de abastecimento eficazes.

- **Marketing e vendas:** Estratégias para promover e vender produtos, incluindo marketing digital.

Assunto

O tema da comercialização agrícola inclui uma variedade de componentes:

- **Estrutura de mercado:** Compreender os diferentes tipos de mercados, tais como os mercados locais, regionais, nacionais e internacionais.

- **Dinâmica do mercado:** Analisar a oferta e a procura, a determinação dos preços e a concorrência no mercado.

- **Canais de comercialização:** Identificar as várias vias através das quais os produtos agrícolas chegam aos consumidores, como as vendas diretas, os grossistas, os retalhistas e as plataformas em linha.

- **Políticas governamentais:** Compreender como os regulamentos, subsídios e sistemas de apoio afectam a comercialização agrícola.

- **Sistemas de informação de mercado:** Recolha e divulgação de informação relativa a preços, oferta e procura.

Importância da comercialização agrícola no desenvolvimento económico

A comercialização agrícola é fundamental para o desenvolvimento económico de um país por várias razões:

1. **Geração de rendimentos:** Uma comercialização agrícola eficiente garante que os agricultores obtenham preços justos pelos seus produtos, aumentando assim o seu rendimento e

nível de vida.

2. **Oportunidades de emprego:** Cria numerosas oportunidades de emprego no transporte, transformação, embalagem e venda a retalho.

3. **Segurança alimentar:** Sistemas de comercialização eficazes garantem que os produtos alimentares estão disponíveis para os consumidores a preços acessíveis, contribuindo para a segurança alimentar.

4. **Ligações económicas:** A comercialização agrícola cria fortes ligações entre o sector agrícola e outros sectores da economia, como a indústria transformadora e os serviços.

5. **Potencial de exportação:** Ao melhorar a qualidade e a competitividade dos produtos agrícolas, a comercialização pode impulsionar as exportações e gerar divisas.

6. **Desenvolvimento rural:** Contribui para o desenvolvimento das zonas rurais através da melhoria das infra-estruturas, da criação de mercados e do reforço da atividade económica global nas regiões rurais.

7. **Acréscimo de valor:** Os processos de comercialização, como a classificação, a transformação e a embalagem, acrescentam valor aos produtos agrícolas, conduzindo a uma maior rentabilidade e ao crescimento económico.

8. **Estabilidade dos preços:** Sistemas de comercialização eficientes ajudam a estabilizar os preços, equilibrando a oferta com a procura, protegendo assim tanto os agricultores como os consumidores de flutuações extremas de preços.

A comercialização agrícola é uma componente vital da economia agrícola e do desenvolvimento económico em geral. Garante a eficiência da produção, da transformação, da distribuição e do consumo de produtos agrícolas, melhorando assim o bem-estar dos agricultores e reforçando a saúde económica geral de uma nação. Ao compreender e melhorar os sistemas de comercialização agrícola, os países podem obter melhores resultados económicos, maior segurança alimentar e desenvolvimento sustentável.

Funções de marketing na comercialização agrícola

As funções de marketing na comercialização agrícola englobam um vasto leque de actividades que facilitam a circulação dos produtos agrícolas dos produtores para os consumidores. Estas funções desempenham um papel crucial na eficiência da produção, transformação, distribuição e consumo de produtos agrícolas, resultando em rendimentos equitativos para os agricultores e produtos facilmente acessíveis para os consumidores. Este capítulo descreve as principais funções de comercialização, sublinhando a sua importância e o seu papel no processo de comercialização agrícola.

Significado

As funções de comercialização referem-se às várias actividades envolvidas na comercialização de produtos agrícolas. Estas actividades incluem a montagem, a classificação, a normalização, o transporte, a armazenagem, a transformação, a embalagem, a distribuição, a compra e venda, o financiamento, a assunção de riscos e a informação comercial. Cada função desempenha um papel vital para garantir que os produtos agrícolas cheguem aos consumidores nas melhores condições possíveis e a um preço justo.

Montagem

A montagem consiste em reunir produtos agrícolas de vários produtores para criar um lote grande e consolidado que seja mais fácil de gerir e mais económico para a comercialização. Esta função ajuda a obter economias de escala e facilita o transporte e a transformação eficientes.

- **Importância:** Ajuda a reduzir os custos de transporte e assegura um fornecimento constante de produtos ao mercado.

- **Exemplo:** Recolha de leite de vários produtores de leite para fornecer a uma fábrica de transformação.

Classificação e normalização

A classificação refere-se ao processo de categorização de produtos agrícolas com base na qualidade, tamanho, peso e outros atributos. A normalização implica o estabelecimento de normas uniformes para estas classificações, a fim de garantir a consistência e a fiabilidade.

- **Importância:** Assegura que os consumidores recebem produtos de qualidade consistente e ajuda a estabelecer preços justos.
- **Exemplo:** Classificação dos ovos com base no tamanho e na qualidade e normalização dessas classificações nos mercados.

Transporte

O transporte é o movimento de produtos agrícolas das explorações agrícolas para os mercados, fábricas de transformação ou instalações de armazenamento. Um transporte eficiente é crucial para manter a qualidade dos produtos perecíveis e garantir uma entrega atempada.

- **Importância:** Reduz as perdas pós-colheita, assegura o acesso ao mercado e diminui os custos globais.
- **Exemplo:** Utilização de camiões frigoríficos para transportar produtos frescos para os mercados urbanos.

Armazenamento

O armazenamento consiste em manter os produtos agrícolas em instalações que conservam a sua qualidade e evitam a sua deterioração até serem necessários para consumo ou transformação.

- **Importância:** Ajuda a equilibrar a oferta e a procura, reduz o desperdício e estabiliza os preços.
- **Exemplo:** Armazenamento de cereais em silos para os proteger de pragas e de condições climatéricas adversas.

Processamento

O processamento é a transformação de produtos agrícolas brutos em formas mais convenientes para consumo, armazenamento ou transporte. Isto pode incluir actividades como moagem, enlatamento, congelamento e embalagem.

- **Importância:** Acrescenta valor aos produtos em bruto, prolonga o prazo de validade e satisfaz as preferências dos consumidores.
- **Exemplo:** Transformação de tomates em molho de tomate enlatado.

Embalagem

A embalagem consiste em encerrar ou proteger os produtos em contentores para distribuição, armazenamento, venda e utilização. O acondicionamento correto preserva a qualidade e prolonga o prazo de validade dos produtos agrícolas.

- **Importância:** Protege os produtos contra danos, contaminação e deterioração e fornece informações importantes aos consumidores.
- **Exemplo:** Acondicionar frutos em recipientes à prova de humidade para evitar a sua deterioração.

Distribuição

A distribuição é o processo de tornar um produto ou serviço disponível para o consumidor ou utilizador empresarial que dele necessita. Isto envolve a movimentação de produtos através de vários canais na comercialização agrícola, tais como grossistas, retalhistas e vendas diretas ao consumidor.

- **Importância:** Assegura que os produtos estão disponíveis onde e quando são necessários, aumentando a eficiência do mercado.
- **Exemplo:** Distribuição de produtos hortícolas através de uma rede de supermercados e mercearias locais.

Compra e venda

A compra e a venda são as actividades principais de qualquer mercado. Na comercialização agrícola, trata-se de transacções entre agricultores, grossistas, retalhistas e consumidores.

- **Importância:** Facilita a troca de bens, ajuda na determinação dos preços e faz corresponder a oferta à procura.
- **Exemplo:** Agricultores que vendem os seus produtos num mercado local a retalhistas e consumidores.

Financiamento

O financiamento fornece os fundos necessários para as várias actividades de comercialização, incluindo a produção, a transformação, o armazenamento e o transporte. Assegura que todos os participantes na cadeia de comercialização disponham do capital necessário para funcionar eficazmente.

- **Importância:** Permite o investimento em infra-estruturas, tecnologias e serviços que melhoram a eficiência do mercado e a qualidade dos produtos.
- **Exemplo:** Bancos que concedem empréstimos aos agricultores para a compra de sementes e fertilizantes.

Assunção de riscos

A assunção de riscos implica a gestão das incertezas associadas à produção e comercialização agrícolas. Isto inclui riscos de flutuações de preços, quebras de safra, infestações de pragas e desastres naturais.

- **Importância:** Protege os agricultores e outros participantes no mercado de potenciais perdas, assegurando a estabilidade e a continuidade do mercado.
- **Exemplo:** Regimes de seguro de colheitas que compensam os agricultores por perdas devidas a condições climatéricas adversas.

Inteligência de marketing

A Inteligência de Marketing refere-se à recolha e análise de dados relativos às condições de mercado, às preferências dos consumidores e à dinâmica da concorrência. Esta informação ajuda os participantes no mercado a tomar decisões informadas.

- **Importância:** Melhora a tomada de decisões, melhora as estratégias de mercado e aumenta a competitividade.
- **Exemplo:** Analisar as tendências do mercado para determinar a melhor altura para vender as colheitas para obter o máximo lucro.

A comercialização agrícola assenta em várias funções de comercialização para transportar de forma eficiente e eficaz os produtos agrícolas dos produtores para os consumidores. Cada função, desde a montagem até à informação de marketing, desempenha um papel crucial na manutenção da qualidade dos produtos, na redução dos custos, na estabilização dos preços e no aumento da eficiência do mercado. A compreensão destas funções ajuda a melhorar os sistemas de comercialização agrícola, contribuindo assim para o desenvolvimento global e a sustentabilidade do sector agrícola.

Capítulo 4: Funcionários do mercado em Comercialização agrícola

Funcionários do mercado na comercialização agrícola

Os funcionários do mercado são os principais actores do sistema de comercialização agrícola. Estão envolvidos em várias fases do processo de comercialização, assegurando que os produtos agrícolas passam sem problemas dos produtores para os consumidores. Estes funcionários incluem produtores, intermediários e outros facilitadores que desempenham papéis essenciais como a compra, a venda, a transformação e o transporte de produtos agrícolas. Compreender os papéis e os desafios enfrentados por estes funcionários do mercado é fundamental para melhorar a eficiência e a eficácia do sistema de comercialização agrícola.

Produtores

Os produtores são os principais actores do mercado agrícola. São os agricultores e agrónomos que cultivam culturas, criam gado e produzem outros bens agrícolas. Os produtores são o ponto de partida da cadeia de abastecimento agrícola.

- **Função:** Os produtores são responsáveis pelo cultivo das culturas, pela gestão do gado e por assegurar a qualidade e a quantidade dos seus produtos. Tomam decisões sobre o que produzir, como produzir e quando vender, com base nos sinais do mercado e nas suas próprias capacidades.

- **Desafios:** Os produtores enfrentam frequentemente vários desafios, incluindo a volatilidade dos preços, o acesso aos mercados, a falta de informação e infra-estruturas inadequadas. Também lidam com riscos relacionados com o clima, pragas e doenças.

Intermediários

Os intermediários desempenham um papel crucial no sistema

de comercialização agrícola, fazendo a ponte entre produtores e consumidores. Com base nas suas funções, classificamo-los em várias categorias.

Intermediários comerciantes

Os comerciantes intermediários são pessoas ou empresas que compram produtos agrícolas aos produtores e os vendem a outros intervenientes no mercado. Assumem a propriedade das mercadorias que manuseiam.

- **Tipos:**
  - **Grossistas:** Compram grandes quantidades de produtos agrícolas diretamente aos produtores e vendem-nos a retalhistas ou transformadores.
  - **Retalhistas:** Compram produtos a grossistas ou diretamente aos produtores e vendem-nos em pequenas quantidades aos consumidores.
- **Função:** Os comerciantes intermediários asseguram uma distribuição eficiente dos produtos agrícolas e contribuem para a estabilização dos preços através da gestão da oferta.
- **Desafios:** Enfrentam problemas como a perecibilidade dos produtos, as flutuações de preços e a concorrência. Além disso, necessitam de capital substancial para comprar e armazenar mercadorias.

Agentes intermediários

Os agentes intermediários actuam como intermediários entre compradores e vendedores, mas não assumem a propriedade dos bens que manuseiam. Recebem uma comissão ou uma taxa pelos seus serviços.

- **Tipos:**
  - **Corretores:** Facilitam as transacções entre compradores e vendedores, especializando-se frequentemente em

mercadorias específicas.

- ○ **Agentes de comissão:** Vendem mercadorias em nome dos produtores e recebem uma comissão com base no valor das vendas.

- **Papel:** Os agentes intermediários dão acesso ao mercado aos produtores, ajudam na negociação dos preços e, frequentemente, possuem um vasto conhecimento do mercado.

- **Desafios:** Dependem fortemente das condições de mercado e os seus ganhos flutuam com o volume e o valor das transacções.

Intermediários especulativos

Os intermediários especuladores compram e retêm os produtos agrícolas para os vender mais tarde, quando os preços forem mais elevados. Aceitam o risco das flutuações de preços.

- **Papel:** Contribuem para a estabilização dos preços, equilibrando a oferta e a procura ao longo do tempo, e podem proporcionar liquidez ao mercado.

- **Desafios:** Enfrentam riscos significativos devido à volatilidade dos preços e à imprevisibilidade do mercado. A má especulação pode levar a perdas substanciais.

Processadores

Os transformadores acrescentam valor aos produtos agrícolas em bruto, convertendo-os em formas mais adequadas para consumo ou transformação posterior. Desempenham um papel crucial na cadeia de valor.

- **Função:** Os transformadores melhoram o prazo de validade, a qualidade e a comercialização dos produtos agrícolas através de actividades como a moagem, a produção de conservas, a congelação e a embalagem.

- **Desafios:** Requerem um investimento significativo em tecnologia e infra-estruturas. Além disso, manter a qualidade do produto e cumprir as normas regulamentares pode ser um desafio.

Intermediários facilitadores

Os intermediários facilitadores fornecem serviços essenciais que apoiam o processo de comercialização, mas não assumem a propriedade dos bens. Os seus serviços incluem transporte, armazenamento, financiamento e informação sobre o mercado.

- **Tipos:**
  - **Transportadores:** Assegurar o movimento eficiente de mercadorias das explorações agrícolas para os mercados ou instalações de transformação.
  - **Operadores de armazém:** Fornecer instalações de armazenamento para proteger os bens de deterioração e deterioração.
  - **Instituições financeiras:** Oferecem crédito e serviços financeiros aos produtores e outros participantes no mercado.
  - **Fornecedores de informações de mercado:** Recolher e divulgar dados sobre preços, oferta, procura e tendências de mercado.
- **Papel:** Os intermediários facilitadores aumentam a eficiência do sistema de comercialização agrícola, prestando os serviços de apoio necessários.
- **Desafios:** Enfrentam problemas como as limitações das infra-estruturas, os custos elevados e os obstáculos regulamentares.

Problemas na comercialização de produtos agrícolas

Apesar dos papéis essenciais desempenhados por vários

funcionários do mercado, a comercialização de produtos agrícolas enfrenta vários problemas significativos:

- **Flutuações de preços:** Os mercados agrícolas estão frequentemente sujeitos a uma elevada volatilidade devido a factores como as condições meteorológicas, infestações de pragas e tendências do mercado global, o que conduz a preços imprevisíveis.

- **Acesso ao mercado:** Os pequenos agricultores e os agricultores marginais lutam frequentemente para aceder a mercados maiores e mais rentáveis devido a infra-estruturas deficientes e à falta de informação sobre o mercado.

- **Perdas pós-colheita:** A inadequação das instalações de armazenamento e transporte pode levar a perdas pós-colheita significativas, reduzindo a eficiência global do sistema de comercialização.

- **Falta de padronização:** Práticas inconsistentes de classificação e normalização podem resultar em disparidades de preços e problemas de qualidade.

- **Restrições de crédito:** Muitos agricultores e pequenos operadores do mercado enfrentam dificuldades no acesso a crédito atempado e a preços acessíveis, o que limita a sua capacidade de investir em melhorias na produção e na comercialização.

- **Desafios regulamentares:** Uma regulamentação complexa e muitas vezes desactualizada pode dificultar o bom funcionamento dos mercados agrícolas e criar obstáculos à entrada de novos participantes.

- **Deficiências nas infra-estruturas:** As infra-estruturas rurais inadequadas, incluindo estradas, instalações de armazenamento e mercados, dificultam a circulação e a venda eficientes de produtos agrícolas.

- **Assimetria de informação:** A falta de informação fiável sobre o mercado pode impedir os agricultores de tomarem decisões informadas sobre o que cultivar, quando vender e a que preço.

Os funcionários do mercado são parte integrante do sistema de comercialização agrícola, desempenhando cada um deles papéis distintos que contribuem para a circulação e venda eficientes dos produtos agrícolas. Embora permitam o funcionamento do mercado, também enfrentam numerosos desafios que podem impedir a sua eficácia. Para otimizar a comercialização agrícola e promover o desenvolvimento económico, é essencial enfrentar estes desafios através da melhoria das infra-estruturas, do acesso ao crédito, do reforço dos sistemas de informação sobre o mercado e de quadros regulamentares de apoio.

Capítulo 5: Mercados Regulamentados

Mercados regulamentados

Os mercados regulamentados são criados para proporcionar um ambiente estruturado e justo para a compra e venda de produtos agrícolas. Estes mercados visam proteger os interesses dos produtores e dos consumidores, assegurando transacções transparentes, medidas de qualidade normalizadas e mecanismos de fixação de preços justos. Ao abordar as questões das imperfeições do mercado e reduzir a exploração, os mercados regulamentados desempenham um papel fundamental no reforço da eficiência do sistema de comercialização agrícola.

Definição

Um mercado regulamentado é um mercado que funciona segundo regras e regulamentos específicos estabelecidos por um organismo de gestão para garantir práticas comerciais justas, transparência e proteção das partes interessadas envolvidas na comercialização de produtos agrícolas. Estes regulamentos são concebidos para evitar más práticas, normalizar a qualidade e estabilizar os preços, promovendo assim um ambiente de mercado mais equitativo e eficiente.

Caraterísticas importantes dos mercados regulamentados

1. **Quadro jurídico:** Os mercados regulamentados operam ao abrigo de um quadro jurídico que define os direitos e responsabilidades de todos os participantes no mercado, assegurando que as transacções são realizadas de forma justa e transparente.

2. **Comités de mercado:** Estes mercados são geridos por comités ou conselhos de mercado, que supervisionam a aplicação dos regulamentos, resolvem litígios e asseguram o bom funcionamento do mercado.

3. **Normalização e classificação:** Os mercados regulamentados implementam sistemas de classificação normalizados para classificar os produtos agrícolas com base na qualidade, o que ajuda na determinação de preços justos e reduz a assimetria de informação.

4. **Preços transparentes:** Os preços nos mercados regulamentados são determinados através de leilões abertos ou outros métodos transparentes, garantindo que os produtores recebem uma compensação justa pela sua produção.

5. **Infra-estruturas de mercado:** Estes mercados estão equipados com infra-estruturas essenciais, tais como salas de leilão, instalações de pesagem, armazéns e unidades de classificação para apoiar operações de comercialização eficientes.

6. **Informações sobre o mercado:** Os mercados regulamentados fornecem informações atempadas e exactas aos produtores e compradores, ajudando-os a tomar decisões informadas.

7. **Licenciamento:** Os participantes, como os comerciantes, os comissionistas e os pesadores, devem obter licenças para operar nos mercados regulamentados, garantindo a responsabilização e o cumprimento das regras do mercado.

Funções

1. **Garantir práticas comerciais justas:** Os mercados regulamentados evitam a exploração por intermediários e asseguram que os produtores recebem preços justos pelos seus produtos.

2. **Normalização e controlo de qualidade:** Implementam sistemas de classificação normalizados, assegurando que os produtos são classificados de forma consistente com base na qualidade.

3. **Descoberta de preços:** Através de sistemas de leilão transparentes e de licitações abertas, os mercados regulados facilitam a descoberta de preços justos, reflectindo as verdadeiras condições de mercado.

4. **Divulgação de informações sobre o mercado:** Estes mercados recolhem e divulgam informações sobre preços, oferta, procura e outras tendências do mercado, ajudando as partes interessadas a tomar decisões informadas.

5. **Resolução de litígios:** Os comités de mercado medeiam e resolvem litígios entre compradores e vendedores, mantendo a harmonia e a confiança no mercado.

6. **Fornecimento de infra-estruturas:** Fornecem as infra-estruturas necessárias, tais como instalações de armazenamento, serviços de transporte e instalações sanitárias, para apoiar operações de mercado eficientes.

7. **Formação e educação:** Os mercados regulamentados realizam frequentemente programas de formação para os agricultores sobre as tendências do mercado, as normas de qualidade e as melhores práticas de comercialização.

Progresso e defeitos

Progresso

1. **Melhoria dos rendimentos dos agricultores:** Ao garantir preços justos e reduzir a exploração, os mercados regulamentados contribuíram para aumentar os rendimentos dos agricultores.

2. **Transparência e confiança:** A implementação de mecanismos de fixação de preços transparentes e a normalização aumentaram a confiança entre os participantes no mercado.

3. **Desenvolvimento de infra-estruturas:** Muitos mercados regulamentados registaram melhorias significativas nas infra-estruturas, contribuindo para um melhor armazenamento,

classificação e transporte.

4. **Melhoria do acesso ao mercado:** Estes mercados proporcionaram aos agricultores um melhor acesso aos mercados locais, regionais e, por vezes, até nacionais, alargando as suas oportunidades de venda.

5. **Redução das práticas ilícitas:** Os regulamentos reduziram as práticas ilícitas, como a pesagem injusta, as deduções arbitrárias e a exploração por intermediários.

Defeitos

1. **Gestão ineficiente:** Alguns mercados regulamentados sofrem de ineficiências burocráticas e de corrupção, o que compromete a sua eficácia.

2. **Infra-estruturas inadequadas:** Apesar dos progressos, muitos mercados ainda não dispõem de infra-estruturas adequadas, o que conduz a perdas pós-colheita e à deterioração da qualidade.

3. **Cobertura limitada:** Nem todas as regiões têm acesso a mercados regulamentados, deixando muitos agricultores dependentes de mercados tradicionais não regulamentados.

4. **Fragmentação do mercado:** Os mercados regulamentados podem por vezes estar isolados uns dos outros, o que conduz à fragmentação do mercado e a ineficiências.

5. **Elevados custos de transação:** A presença de múltiplos intermediários e a necessidade de licenças podem aumentar os custos de transação, reduzindo os benefícios para os agricultores.

6. **Flexibilidade limitada:** Uma regulamentação rigorosa pode, por vezes, asfixiar a inovação e a flexibilidade, dificultando a adaptação dos intervenientes no mercado à evolução das condições.

Medidas de correção

1. **Melhoria das infra-estruturas:** Investir na modernização das infra-estruturas de mercado, incluindo melhores instalações de armazenamento, equipamento de calibragem e redes de transporte.

2. **Melhorar a gestão:** Reforçar a governação e a gestão dos comités de mercado através de medidas de transparência, programas de formação e uma supervisão mais rigorosa.

3. **Alargar a cobertura:** Criar mais mercados regulamentados em zonas mal servidas para garantir um acesso mais alargado a todos os agricultores.

4. **Integração dos mercados:** Promover a integração dos mercados regulamentados através de plataformas digitais e redes de mercado unificadas para reduzir a fragmentação e melhorar a eficiência.

5. **Reduzir os custos de transação:** Simplificar os processos de licenciamento e reduzir os intermediários desnecessários para diminuir os custos de transação para os agricultores.

6. **Promover a flexibilidade:** Permitir uma regulamentação mais flexível que se adapte à evolução das condições do mercado e incentivar a inovação nas práticas de comercialização.

7. **Educar os agricultores:** Realizar programas regulares de formação e sensibilização dos agricultores sobre as operações de mercado, as normas de qualidade e as melhores práticas de comercialização agrícola.

8. **Reforçar os sistemas de informação sobre o mercado:** Melhorar a qualidade e o alcance dos sistemas de informação sobre o mercado, a fim de fornecer dados atempados e exactos a todos os participantes no mercado.

Os mercados regulamentados desempenham um papel crucial no sistema de comercialização agrícola, uma vez que proporcionam um ambiente estruturado e justo para as transacções. Apesar dos progressos significativos registados no reforço da transparência do mercado, da fixação de preços justos e das infra-estruturas, os mercados regulamentados continuam a enfrentar desafios que exigem atenção. Através da aplicação de medidas corretivas, tais como a melhoria das infra-estruturas, o reforço da gestão e o alargamento da cobertura, os mercados regulamentados podem aumentar ainda mais a sua eficácia e contribuir para o desenvolvimento global do sector agrícola.

Capítulo 6: Marketing Cooperativo

Marketing cooperativo

A comercialização cooperativa é um sistema em que os produtores, em particular os pequenos agricultores e os agricultores marginais, se juntam para comercializar os seus produtos de forma colectiva. Esta abordagem colectiva permite-lhes tirar partido de economias de escala, negociar melhores preços e aceder a mercados que, de outra forma, poderiam ser inacessíveis. As sociedades cooperativas de comercialização desempenham um papel vital na capacitação dos agricultores, fornecendo-lhes os instrumentos e o apoio necessários para comercializarem eficazmente os seus produtos agrícolas.

Significado

O marketing cooperativo refere-se à organização dos agricultores em cooperativas, que são entidades detidas e geridas pelos próprios agricultores. Estas cooperativas gerem a comercialização de produtos agrícolas, fornecendo uma gama de serviços que vão desde a recolha e armazenamento até à transformação e venda. O principal objetivo é aumentar o poder de negociação dos agricultores individuais e garantir rendimentos justos para os seus produtos.

Estrutura

A estrutura das sociedades cooperativas de comercialização envolve normalmente vários níveis, desde as sociedades primárias a nível das aldeias até às federações estatais e nacionais:

1. **Sociedades Cooperativas de Comercialização Primárias:** São sociedades locais formadas por agricultores de uma determinada aldeia ou zona. São responsáveis pela recolha, classificação e comercialização inicial dos produtos.

2. **Sociedades Cooperativas Distritais de Comercialização:**

Estas sociedades operam a nível distrital, coordenando as actividades das sociedades primárias, proporcionando maiores instalações de armazenamento e facilitando o transporte.

3. **Federações Estaduais de Marketing Cooperativo (MARKFED):** Estas federações operam a nível estatal, ligando sociedades distritais e fornecendo serviços mais alargados, incluindo a comercialização e transformação em grande escala.

4. **Federação Nacional de Comercialização das Cooperativas Agrícolas (NAFED):** A NAFED opera a nível nacional, apoiando as federações estatais e participando no comércio internacional.

Funções das sociedades cooperativas de comercialização

1. **Recolha e montagem:** As sociedades cooperativas recolhem os produtos dos agricultores membros, assegurando uma abordagem centralizada e organizada da comercialização.

2. **Classificação e normalização:** Efectuam a classificação e a normalização para garantir que os produtos cumprem as normas de qualidade, o que ajuda a obter melhores preços.

3. **Armazenamento:** As sociedades fornecem instalações de armazenamento para proteger os produtos contra a deterioração e as pragas, ajudando a estabilizar a oferta e os preços.

4. **Transformação:** Algumas cooperativas dedicam-se a actividades de transformação, acrescentando valor aos produtos agrícolas em bruto e aumentando a sua comercialização.

5. **Transporte:** Organizam o transporte de produtos das explorações agrícolas para os mercados, reduzindo os desafios logísticos para os agricultores individuais.

6. **Comercialização e vendas:** As cooperativas encarregam-se da comercialização e venda dos produtos, negociando com os compradores e assegurando que os agricultores recebem preços justos.

7. **Financiamento:** Oferecem crédito e assistência financeira aos agricultores membros para actividades de produção e comercialização.

8. **Informação sobre o mercado:** As cooperativas fornecem informações de mercado atempadas aos agricultores, ajudando-os a tomar decisões informadas sobre o que e quando vender.

9. **Formação e educação:** Realizam programas de formação para educar os agricultores sobre as melhores práticas de produção, comercialização e controlo de qualidade.

Federação Nacional de Comercialização das Cooperativas Agrícolas (NAFED)

A NAFED é um interveniente fundamental no sistema de comercialização das cooperativas agrícolas da Índia, prestando apoio e serviços às federações estatais e participando diretamente na comercialização de produtos agrícolas.

- **Objectivos:**

  o Promover a comercialização cooperativa dos produtos agrícolas.

  o Assegurar rendimentos justos aos agricultores, fornecendo-lhes apoio e serviços de comercialização.

  o Dedicar-se à aquisição, transformação e distribuição de produtos agrícolas.

  o Facilitar a exportação de produtos agrícolas de base.

  o Fornecer formação e apoio às sociedades membros.

- **Funções:**

  o Coordenar as actividades das federações estaduais de

marketing cooperativo.

o A aquisição direta e a comercialização de produtos agrícolas.

o Fornecimento de infra-estruturas de apoio, tais como armazéns e instalações de armazenagem frigorífica.

o Facilitar a exportação de produtos agrícolas.

o Realização de estudos de mercado e fornecimento de informações sobre o mercado.

Federações Estaduais de Comercialização Cooperativa Agrícola (MARKFED)

As MARKFED operam a nível estatal, ligando as sociedades distritais e primárias e prestando um apoio abrangente à comercialização dos agricultores.

- **Objectivos:**

  o Promover o marketing cooperativo no Estado.

  o Fornecer serviços e infra-estruturas às sociedades distritais e primárias.

  o Facilitar a venda e a distribuição dos produtos agrícolas no interior e no exterior do Estado.

  o Assegurar preços justos para os agricultores através de estratégias de comercialização eficazes.

- Funções:

  o Coordenar as actividades das sociedades cooperativas de comercialização distritais.

  o Fornecimento de instalações de armazenamento, transporte e processamento.

  o Compra e venda de produtos agrícolas a granel.

  o Oferecer serviços financeiros e crédito às sociedades membros.

o Divulgação de informações sobre o mercado e realização de programas de formação.

Comércio estatal

O comércio estatal refere-se ao envolvimento das agências governamentais na comercialização e no comércio de produtos agrícolas. Esta abordagem é frequentemente adoptada para estabilizar os mercados, garantir a segurança alimentar e proteger os interesses dos produtores e dos consumidores.

Objectivos do comércio estatal

1. **Estabilização de preços:** Estabilizar os preços e evitar flutuações excessivas no mercado.
2. **Segurança alimentar:** Assegurar um abastecimento adequado e consistente de produtos agrícolas essenciais.
3. **Intervenção no mercado:** Intervir no mercado para apoiar os agricultores e protegê-los da exploração por parte de comerciantes privados.
4. **Distribuição:** Assegurar a distribuição equitativa dos produtos agrícolas, especialmente em tempos de escassez.
5. **Promoção das exportações:** Aumentar a exportação de produtos agrícolas e obter divisas estrangeiras.

Tipos de comércio estatal

1. **Aquisição direta:** As agências governamentais adquirem diretamente produtos agrícolas aos agricultores a preços pré-determinados, muitas vezes no âmbito de regimes de preços mínimos de apoio (PMS).
2. **Operações de existências de reserva:** O governo mantém existências de reserva de produtos essenciais para estabilizar os preços e garantir a disponibilidade em caso de escassez.
3. **Sistema de distribuição pública (PDS):** No âmbito do PDS, o

governo adquire e distribui produtos essenciais como o arroz,
o trigo e o açúcar para garantir a segurança alimentar das
populações vulneráveis.

4. **Regulamentação da exportação e importação:** O governo
   regula a exportação e a importação de produtos agrícolas para
   equilibrar a oferta e a procura internas e estabilizar os preços.

5. **Regime de Intervenção no Mercado (MIS):** Este regime
   implica a intervenção do governo no mercado para comprar
   produtos diretamente aos agricultores quando os preços de
   mercado descem abaixo de um determinado nível.

A comercialização cooperativa e o comércio estatal são
componentes vitais do sistema de comercialização agrícola,
concebidos para proteger e promover os interesses dos agricultores.
As sociedades cooperativas de comercialização dão poder aos
agricultores através da ação colectiva, fornecendo uma gama de
serviços que aumentam o seu poder de negociação e o acesso ao
mercado. O comércio estatal, por outro lado, envolve a intervenção
do governo para estabilizar os mercados e garantir a segurança
alimentar. Ambas as abordagens respondem aos desafios
enfrentados pelos agricultores e contribuem para a eficiência e a
equidade globais do sistema de comercialização agrícola. Ao
melhorar continuamente estes sistemas, podemos garantir melhores
resultados para os agricultores, os consumidores e a economia em
geral.

Capítulo 7: Armazenagem

Armazenagem

O armazenamento é um componente crítico da cadeia de abastecimento agrícola, fornecendo soluções de armazenamento que preservam a qualidade dos produtos e facilitam a sua deslocação dos produtores para os consumidores. Um armazenamento eficiente é essencial para minimizar as perdas pós-colheita, estabilizar o fornecimento e garantir que os produtos agrícolas estejam disponíveis durante todo o ano. Na Índia, a armazenagem desempenha um papel vital no apoio à economia agrícola, com várias organizações importantes, como a Central Warehousing Corporation (CWC), as State Warehousing Corporations (SWC) e a Food Corporation of India (FCI), a gerir uma extensa infraestrutura de armazenagem.

Significado

Armazenagem refere-se ao processo de armazenar bens de forma sistemática e organizada para os proteger de danos, deterioração e roubo. Os armazéns servem como instalações que armazenam produtos agrícolas, matérias-primas, produtos acabados e outras mercadorias até serem necessários para consumo, transformação ou venda. Uma boa armazenagem garante a preservação dos bens em condições óptimas e a sua pronta disponibilidade para distribuição.

Armazenagem na Índia

Na Índia, o sector dos armazéns é crucial para a economia agrícola, dada a vasta produção de bens perecíveis e não perecíveis do país. As instalações de armazenamento são geridas tanto por entidades governamentais como privadas, com contribuições significativas de organizações como a Central Warehousing Corporation (CWC), as State Warehousing Corporations (SWC) e a

Food Corporation of India (FCI). Estas organizações fornecem uma gama de serviços, incluindo armazenamento, preservação e distribuição, para apoiar a cadeia de abastecimento agrícola.

Corporação Central de Armazenagem (CWC)

A Central Warehousing Corporation (CWC) é uma das principais agências de armazenagem da Índia, criada em 1957 ao abrigo da Warehouse Corporations Act. Desempenha um papel fundamental na prestação de serviços científicos de armazenamento e manuseamento de uma variedade de produtos agrícolas, bens industriais e outras mercadorias.

Funcionamento dos armazéns

Os armazéns da CWC funcionam de acordo com princípios científicos de armazenagem e de gestão para garantir a preservação e a segurança das mercadorias armazenadas. O funcionamento destes armazéns inclui:

1. **Receção de mercadorias:** Os armazéns recebem mercadorias de agricultores, comerciantes e empresas, assegurando a documentação adequada e a inspeção da qualidade.

2. **Armazenagem:** As mercadorias são armazenadas de forma sistemática, utilizando técnicas de armazenamento adequadas para manter a sua qualidade e evitar a sua deterioração.

3. **Manutenção:** São realizadas actividades de manutenção regulares, como o controlo de pragas, a regulação da temperatura e a ventilação, para garantir condições de armazenamento ideais.

4. **Gestão de inventário:** São seguidas práticas eficientes de gestão de inventário para manter um registo dos bens armazenados, das suas quantidades e condições.

5. **Expedição:** As mercadorias são expedidas do armazém de acordo com as necessidades dos proprietários, garantindo

uma entrega atempada e segura.

Objectivos

1. **Armazenamento científico:** Disponibilizar instalações de armazenamento científico para produtos agrícolas, bens industriais e outras mercadorias.

2. **Minimizar as perdas pós-colheita:** Reduzir as perdas pós-colheita, assegurando a conservação e a proteção adequadas das mercadorias.

3. **Estabilização do mercado:** Ajudar a estabilizar os preços de mercado, equilibrando a oferta e a procura através do armazenamento estratégico.

4. **Facilitar o comércio:** Apoiar o bom funcionamento do comércio, assegurando a disponibilidade de bens ao longo de todo o ano.

Funções

1. **Armazenagem:** Fornecimento de soluções de armazenamento seguras e científicas para uma variedade de mercadorias.

2. **Manuseamento:** Facilitar o manuseamento de mercadorias, incluindo a carga, a descarga e o transporte.

3. **Preservação:** Implementação de medidas para preservar a qualidade dos bens armazenados, como o controlo de pragas e a regulação da temperatura.

4. **Controlo de qualidade:** Assegurar que os bens armazenados cumprem as normas de qualidade através de inspecções e testes regulares.

5. **Gestão do inventário:** Manutenção de registos exactos dos bens armazenados e gestão eficiente do inventário.

6. **Apoio logístico:** Oferecer apoio logístico para garantir a distribuição atempada das mercadorias.

Vantagens

1. **Redução das perdas pós-colheita:** As práticas científicas de armazenamento reduzem significativamente as perdas devidas à deterioração e às pragas.

2. **Estabilização dos preços:** Ao armazenar os excedentes de produtos, os armazéns ajudam a estabilizar os preços durante as épocas baixas.

3. **Acesso ao mercado:** Os agricultores e comerciantes obtêm um melhor acesso aos mercados através de um armazenamento e distribuição eficientes.

4. **Manutenção da qualidade:** Os armazéns mantêm a qualidade das mercadorias armazenadas, assegurando que estas permaneçam comercializáveis.

5. **Apoio financeiro:** As receitas de armazenagem podem ser utilizadas como garantia para a obtenção de empréstimos, proporcionando apoio financeiro aos agricultores e comerciantes.

Sociedades de Armazenagem do Estado (SWC)

As State Warehousing Corporations (SWC) operam a nível estatal, complementando os esforços da Central Warehousing Corporation. Cada estado da Índia tem a sua própria SWC, que trabalha para fornecer soluções de armazenamento adaptadas às necessidades regionais.

Objectivos

1. **Necessidades regionais de armazenamento:** Para responder às necessidades específicas de armazenamento do Estado, tendo em conta os padrões e a produção agrícola locais.

2. **Apoiar os agricultores:** Proporcionar instalações de armazenamento acessíveis e a preços módicos aos agricultores locais.

3. **Facilitar o comércio regional:** reforçar o comércio regional, assegurando a disponibilidade de serviços de armazenamento e de logística.

4. **Estabilidade dos preços:** Ajudar a estabilizar os preços no Estado, gerindo a oferta e a procura locais.

Funções

1. **Armazenagem:** Fornecimento de instalações de armazenamento a nível estatal para uma variedade de produtos agrícolas e industriais.

2. **Controlo de qualidade:** Assegurar a qualidade dos bens armazenados através de inspecções regulares e do cumprimento de normas.

3. **Logística e transportes:** Facilitar a circulação de mercadorias dentro do Estado e para outras regiões.

4. **Informações sobre o mercado:** Fornecimento de informações sobre o mercado aos agricultores e comerciantes para ajudar na tomada de decisões.

5. **Serviços de apoio:** Oferta de serviços adicionais, como classificação, embalagem e processamento.

Vantagens

1. **Soluções localizadas:** Soluções de armazenamento personalizadas que satisfazem as necessidades específicas da região.

2. **Acessibilidade:** Maior acessibilidade das instalações de armazenamento para os agricultores e comerciantes locais.

3. **Estabilidade económica:** Contribuir para a estabilidade económica da região através da gestão eficaz da oferta e da procura.

4. **Melhoria do comércio:** Facilitar o comércio intra-estatal e inter-estatal através de serviços eficientes de logística e

armazenamento.

Corporação Alimentar da Índia (FCI)

A Food Corporation of India (FCI) é uma empresa pública criada em 1965 para garantir a segurança alimentar da Índia. Desempenha um papel crucial na aquisição, armazenamento e distribuição de géneros alimentícios em todo o país.

Objectivos

1. **Segurança alimentar:** Assegurar um abastecimento fiável de cereais alimentares para satisfazer as necessidades nutricionais da população.

2. **Apoio aos preços:** Fornecer apoio aos preços dos agricultores através da aquisição de géneros alimentícios a preços mínimos de apoio (PMS).

3. **Manutenção de existências de reserva:** Manutenção de existências de segurança de géneros alimentícios para gerir o abastecimento em situações de emergência e estabilizar os preços.

4. **Distribuição pública:** Distribuir cereais alimentares através do Sistema de Distribuição Pública (PDS) para garantir o acesso a alimentos a preços acessíveis a todos os sectores da sociedade.

Funções

1. **Aquisição:** Compra de cereais alimentares diretamente aos agricultores ao preço mínimo de mercado para lhes proporcionar um rendimento garantido.

2. **Armazenamento:** Armazenar os géneros alimentícios adquiridos em instalações de armazenamento científicas para manter a sua qualidade e evitar a sua deterioração.

3. **Distribuição:** Distribuição de géneros alimentícios através do

PDS e de outros regimes de assistência social para garantir a segurança alimentar.

4. **Gestão de stocks de reserva:** Manutenção de existências de reserva adequadas para gerir a oferta durante períodos de escassez e volatilidade dos preços.

5. **Garantia de qualidade:** Assegurar a qualidade dos cereais alimentares através de inspecções regulares e do cumprimento das normas de armazenamento.

Vantagens

1. **Segurança alimentar:** Assegura um abastecimento estável e fiável de cereais alimentares, contribuindo para a segurança alimentar nacional.

2. **Apoio ao agricultor:** Proporciona estabilidade financeira aos agricultores através da compra dos seus produtos na MSP.

3. **Estabilidade dos preços:** Ajuda a estabilizar os preços dos cereais alimentares através de uma aquisição eficaz e de uma gestão das reservas de segurança.

4. **Distribuição equitativa:** Assegura a distribuição equitativa dos cereais alimentares, tornando-os acessíveis a todos os sectores da sociedade.

5. **Manutenção da qualidade:** Mantém a qualidade dos géneros alimentícios armazenados, garantindo que estão aptos para consumo.

O armazenamento é um aspeto fundamental da cadeia de abastecimento agrícola, desempenhando um papel crucial na preservação da qualidade dos produtos, na estabilização dos mercados e no apoio à segurança alimentar. Organizações como a Central Warehousing Corporation (CWC), as State Warehousing Corporations (SWC) e a Food Corporation of India (FCI) são fundamentais na gestão da extensa infraestrutura de armazenamento da Índia. Ao fornecerem soluções científicas de armazenamento, controlo de qualidade e sistemas de distribuição eficientes, estas organizações ajudam a garantir que os produtos agrícolas estão disponíveis durante todo o ano, que os preços se mantêm estáveis e que os agricultores recebem rendimentos justos pelos seus produtos. A melhoria contínua das infra-estruturas de armazenagem e das práticas de gestão é essencial para aumentar a eficiência e a eficácia do sistema de comercialização agrícola da Índia.

Capítulo 8: Controlo da qualidade dos produtos agrícolas

Controlo de qualidade dos produtos agrícolas

O controlo de qualidade dos produtos agrícolas é essencial para garantir que estes cumprem as normas estabelecidas de segurança, pureza e consistência. Com a crescente complexidade do comércio global e a crescente consciencialização dos consumidores, a manutenção de normas de elevada qualidade tornou-se fundamental para a indústria agrícola. A indústria agrícola desenvolveu vários quadros regulamentares e sistemas de certificação para responder às preocupações de controlo de qualidade e salvaguardar os interesses dos consumidores e dos produtores.

Normas de qualidade dos produtos agrícolas - AGMARK

AGMARK, abreviatura de Agricultural Marketing, é uma marca de certificação de qualidade que significa o cumprimento de normas específicas para os produtos agrícolas na Índia. A AGMARK, que foi criada pelo Governo da Índia ao abrigo da Lei de 1937 relativa aos produtos agrícolas (classificação e marcação), tem por objetivo garantir a qualidade, a pureza e a autenticidade dos produtos agrícolas em benefício dos produtores e dos consumidores.

Caraterísticas principais:

1. **Cobertura abrangente:** O sistema de certificação AGMARK abrange uma vasta gama de produtos agrícolas, incluindo cereais, leguminosas, especiarias, frutas, legumes, óleos, mel e outros produtos alimentares.

2. **Parâmetros de qualidade:** Os produtos que ostentam o logótipo AGMARK têm a garantia de cumprir os parâmetros de qualidade especificados, incluindo a pureza, a limpeza, o teor de humidade, o valor nutricional e a ausência de adulterantes ou contaminantes.

3. **Classificação e marcação:** Os produtos certificados AGMARK são classificados com base em critérios padronizados, com diferentes graus denotando níveis variados de qualidade e pureza. Cada produto classificado é marcado com o logótipo AGMARK, número de lote, data de embalagem e outras informações relevantes.

4. **Supervisão governamental:** O processo de certificação AGMARK é supervisionado pela Direção de Marketing e Inspeção (DMI), uma agência governamental responsável pela implementação de políticas e normas de marketing agrícola.

Objectivos:

1. **Proteção do consumidor:** O objetivo do AGMARK é proteger os consumidores contra fraudes, enganos e riscos para a saúde associados a produtos agrícolas de qualidade inferior, garantindo que os produtos certificados cumprem as normas de qualidade estabelecidas.

2. **Promoção do mercado:** A certificação AGMARK melhora a comercialização dos produtos agrícolas, proporcionando aos consumidores confiança na qualidade e autenticidade dos produtos que compram.

3. **Práticas de Comércio Justo:** Ao estabelecer padrões de qualidade uniformes, a AGMARK promove práticas comerciais justas e ajuda a evitar a concorrência desleal e a exploração de consumidores e produtores.

4. **Facilitação das exportações:** Os produtos com certificação AGMARK gozam de maior aceitação nos mercados nacionais e internacionais, facilitando o comércio e promovendo as exportações agrícolas da Índia.

Processo de certificação:

1. **Pedido:** Os produtores ou comerciantes interessados em obter

a certificação AGMARK apresentam um pedido às autoridades designadas, juntamente com a documentação pertinente e amostras dos produtos a certificar.

2. **Avaliação da qualidade:** As amostras são submetidas a testes e avaliações rigorosos em laboratórios acreditados para avaliar a sua conformidade com as normas AGMARK.

3. **Inspeção:** Os inspectores certificados realizam inspecções no local das instalações de produção, armazéns e unidades de embalagem para verificar o cumprimento das medidas de higiene, saneamento e controlo de qualidade.

4. **Emissão da certificação:** Após a conclusão com êxito do processo de avaliação e inspeção, a certificação AGMARK é emitida para os produtos elegíveis, permitindo-lhes ostentar o logótipo AGMARK e ser comercializados como produtos certificados.

Vantagens:

1. **Confiança do consumidor:** A certificação AGMARK dá aos consumidores a garantia da qualidade, pureza e segurança dos produtos agrícolas, promovendo assim a confiança nos produtos que compram.

2. **Acesso ao mercado:** Os produtos certificados AGMARK ganham maior aceitação nos mercados nacionais e internacionais, abrindo oportunidades para os produtores e comerciantes acederem a mercados premium e obterem melhores preços.

3. **Melhoria da qualidade:** As rigorosas normas de qualidade impostas pelo AGMARK incentivam os produtores a adotar melhores práticas agrícolas, a melhorar o manuseamento pós-colheita e a manter padrões mais elevados de qualidade do produto.

4. **Reconhecimento da marca:** O logótipo AGMARK funciona como um símbolo de qualidade e autenticidade, ajudando os

produtos certificados a destacarem-se no mercado e a construírem uma reputação de marca positiva entre os consumidores.

O AGMARK desempenha um papel fundamental na garantia da qualidade, pureza e autenticidade dos produtos agrícolas na Índia. Ao estabelecer parâmetros de qualidade normalizados, promover práticas comerciais justas e aumentar a confiança dos consumidores, a certificação AGMARK contribui para o crescimento global e a sustentabilidade da indústria agrícola. No futuro, a aplicação contínua de normas de qualidade e medidas proactivas para enfrentar os desafios emergentes serão essenciais para reforçar ainda mais a eficácia e a relevância do AGMARK no sector agrícola.

Capítulo 9 : CODEX Alimentarius

CODEX Alimentarius

O CODEX Alimentarius, muitas vezes referido simplesmente como CODEX, é um conjunto de normas, diretrizes e códigos de práticas internacionalmente reconhecidos relacionados com a segurança, a qualidade e o comércio dos alimentos. É desenvolvido e mantido pela Comissão do Codex Alimentarius, uma iniciativa conjunta da Organização das Nações Unidas para a Alimentação e a Agricultura (FAO) e da Organização Mundial de Saúde (OMS). O principal objetivo do CODEX é proteger a saúde dos consumidores e garantir práticas justas no comércio alimentar, estabelecendo normas de base científica e promovendo a harmonização dos regulamentos alimentares a nível mundial.

Caraterísticas principais:

1. **Colaboração internacional:** A Comissão do Codex Alimentarius reúne peritos dos países membros, organizações internacionais e partes interessadas relevantes para desenvolver normas e diretrizes consensuais através de um processo transparente e inclusivo.

2. **Cobertura abrangente:** O CODEX aborda vários aspectos da segurança e qualidade alimentar, incluindo aditivos alimentares, contaminantes, resíduos de pesticidas, medicamentos veterinários, práticas de higiene, requisitos de rotulagem e métodos de análise.

3. **Abordagem baseada na ciência:** As normas CODEX baseiam-se nas mais recentes provas científicas e avaliações de risco realizadas por comités de peritos, garantindo que reflectem os melhores conhecimentos e práticas disponíveis em matéria de segurança alimentar e gestão da qualidade.

4. **Adoção voluntária:** Embora as normas CODEX sejam desenvolvidas para uso internacional, não são juridicamente vinculativas, a menos que sejam adoptadas por países

individuais através dos seus regulamentos alimentares nacionais. No entanto, as normas CODEX servem de quadro de referência para os países desenvolverem os seus regulamentos alimentares e facilitarem o comércio.

Objectivos:

1. **Proteção do consumidor:** O CODEX tem como objetivo proteger a saúde dos consumidores, estabelecendo normas e diretrizes de segurança alimentar que minimizem o risco de doenças de origem alimentar, contaminantes e perigos associados ao consumo de alimentos.

2. **Facilitar o comércio:** Ao promover a harmonização das normas e regulamentos alimentares, o CODEX facilita o fluxo harmonioso do comércio alimentar através das fronteiras, reduz as barreiras comerciais e promove práticas justas no comércio internacional.

3. **Promover a saúde pública:** O CODEX contribui para a saúde pública ao promover a adoção de práticas seguras e higiénicas ao longo de toda a cadeia alimentar, desde a produção e transformação até à distribuição e consumo.

4. **Aumentar a confiança do consumidor:** Ao garantir a segurança e a qualidade dos produtos alimentares através de regulamentos normalizados e requisitos de rotulagem, o CODEX ajuda a reforçar a confiança dos consumidores na segurança e autenticidade dos alimentos que consomem.

Necessidade de certificação CODEX

A necessidade de certificação CODEX decorre de uma série de factores críticos que afectam tanto os consumidores como as partes interessadas da indústria alimentar:

1. **Garantir a segurança alimentar:** A certificação CODEX significa a adesão a normas de segurança alimentar reconhecidas internacionalmente. Com a natureza global das cadeias de abastecimento alimentar, garantir que os produtos

alimentares cumprem critérios de segurança rigorosos é crucial para evitar doenças de origem alimentar e proteger a saúde pública.

2. **Facilitar o comércio internacional:** A conformidade com as normas CODEX facilita o fluxo regular de produtos alimentares através das fronteiras nacionais. Muitos países exigem que os produtos alimentares importados cumpram as normas CODEX, o que torna a certificação CODEX essencial para os exportadores acederem aos mercados internacionais e manterem a competitividade.

3. **Cumprimento dos requisitos regulamentares:** As normas CODEX servem frequentemente de base para os regulamentos alimentares nacionais em muitos países. A obtenção da certificação CODEX demonstra a conformidade com estes regulamentos, simplificando o processo de aprovação regulamentar e o acesso ao mercado de produtos alimentares.

4. **Construindo a confiança do consumidor:** Numa era de maior consciencialização e preocupação dos consumidores relativamente à segurança e qualidade dos alimentos, a certificação CODEX dá aos consumidores a garantia de que os produtos que compram cumprem normas reconhecidas internacionalmente. Este facto reforça a confiança na segurança e autenticidade do abastecimento alimentar.

5. **Melhorar a reputação da marca:** Para os fabricantes, distribuidores e retalhistas de produtos alimentares, a obtenção da certificação CODEX pode melhorar a reputação das suas marcas. Demonstra um compromisso com a produção de produtos alimentares seguros e de alta qualidade, o que pode diferenciá-los no mercado e atrair consumidores exigentes.

6. **Mitigação de riscos:** A certificação CODEX ajuda a reduzir os riscos associados à não conformidade com as normas e regulamentos de segurança alimentar. Os produtos não

conformes podem ser rejeitados, retirados do mercado ou alvo de acções judiciais, o que pode levar a perdas financeiras, danos à reputação e potenciais responsabilidades legais para as empresas.

7. **Promoção de sistemas alimentares sustentáveis:** As normas CODEX abrangem vários aspectos da produção, transformação e distribuição de alimentos, incluindo considerações de sustentabilidade e ambientais. O cumprimento das normas CODEX incentiva a adoção de práticas sustentáveis que minimizam o impacto ambiental e promovem a segurança alimentar a longo prazo.

A certificação CODEX é essencial para garantir a segurança alimentar, facilitar o comércio, cumprir os requisitos regulamentares, criar confiança nos consumidores, melhorar a reputação da marca, atenuar os riscos e promover sistemas alimentares sustentáveis à escala global. Constitui uma ferramenta valiosa para as partes interessadas da indústria alimentar demonstrarem o seu empenho em produzir e comercializar produtos alimentares seguros e de elevada qualidade que cumpram as normas internacionais.

Relevância da certificação CODEX

A certificação CODEX é relevante para várias partes interessadas do sector agrícola:

1. **Produtores e exportadores:** A certificação permite aos produtores e exportadores demonstrar a conformidade com as normas internacionais de qualidade e segurança alimentar, aumentando a sua competitividade nos mercados globais e expandindo as suas oportunidades de acesso ao mercado.

2. **Autoridades reguladoras:** As normas CODEX fornecem um quadro de referência para as autoridades reguladoras desenvolverem e aplicarem regulamentos de segurança alimentar, assegurando a coerência e o alinhamento com as

melhores práticas internacionais.

3. **Consumidores:** A certificação garante aos consumidores a segurança e a qualidade dos produtos alimentares que compram, ajudando-os a fazer escolhas informadas e promovendo a confiança na cadeia de abastecimento alimentar.

4. **Saúde pública:** Ao promover a adesão a normas rigorosas de segurança alimentar, a certificação CODEX contribui para a prevenção de doenças de origem alimentar e para a proteção da saúde pública.

O controlo da qualidade dos produtos agrícolas é crucial para garantir a segurança dos consumidores, promover o comércio justo e apoiar o crescimento sustentável da indústria agrícola. Os sistemas de certificação, como o AGMARK, e as normas internacionais, como o CODEX, desempenham um papel vital na defesa das normas de qualidade e na promoção da confiança na cadeia de abastecimento alimentar. Ao aderir a estas normas, os produtores, exportadores, autoridades reguladoras e consumidores podem contribuir coletivamente para a construção de um sistema alimentar mais seguro, fiável e sustentável.

Capítulo 10: Excedente do produtor

Excedente do produtor

No domínio da economia, é fundamental compreender a dinâmica da oferta e da procura. No centro desta compreensão está o conceito de excedente do produtor, uma componente vital na análise das transacções de mercado e da economia do bem-estar. O excedente do produtor representa o benefício económico que os produtores retiram da participação nas trocas de mercado.

Na sua essência, o excedente do produtor capta a diferença entre o preço a que os produtores estão dispostos a vender um bem ou serviço e o preço efetivo que recebem no mercado. É uma medida do ganho líquido que os produtores obtêm ao participarem em transacções de mercado. Os produtores estão frequentemente dispostos a fornecer bens a preços inferiores aos que os consumidores estão dispostos a pagar, o que resulta num excedente entre o preço recebido e o preço mínimo aceitável.

A compreensão do excedente do produtor permite compreender vários aspectos do comportamento do mercado e da eficiência económica. Serve de incentivo para que os produtores afectem os recursos de forma eficiente e se envolvam em actividades de produção. A perspetiva de obter lucros excedentários motiva os produtores a optimizarem os seus processos de produção, a investirem na inovação e a responderem a alterações nas condições de mercado.

Além disso, ao afetar os recursos às suas utilizações mais valorizadas, o excedente do produtor aumenta o bem-estar económico e a eficiência. Em mercados competitivos, o excedente do produtor reflecte o nível de bem-estar dos produtores e contribui para alcançar o equilíbrio do mercado. Representa a área de valor económico criada pelos produtores para além dos seus custos de produção.

De um modo geral, o excedente do produtor é um conceito fundamental em economia que lança luz sobre a dinâmica das trocas de mercado, a afetação de recursos e o bem-estar económico. Os decisores políticos, os economistas e os participantes no mercado devem compreender a geração do excedente do produtor e o seu impacto nos resultados do mercado, a fim de tomarem decisões informadas e promoverem a prosperidade económica.

Significado:

O excedente do produtor refere-se à diferença entre o preço a que os produtores estão dispostos a vender um produto e o preço efetivo que recebem no mercado. Representa o benefício económico ou o lucro que os produtores obtêm com a venda dos seus produtos no mercado. Por outras palavras, é a receita excedentária obtida pelos produtores para além do seu preço mínimo aceitável.

Importância do excedente do produtor

O excedente do produtor é um conceito crítico em economia que tem implicações significativas para a eficiência do mercado, a afetação de recursos e o bem-estar económico. A compreensão da importância do excedente do produtor esclarece vários aspectos da dinâmica do mercado e dos resultados económicos. Eis algumas das principais razões pelas quais o excedente do produtor é importante:

1. **Incentivo à produção:** O excedente do produtor constitui um incentivo fundamental para que os produtores se envolvam em actividades de produção. A perspetiva de obter lucros excedentários motiva os produtores a afetar os recursos de forma eficiente, a investir em tecnologias de produção e a empreender actividades empresariais para maximizar os seus rendimentos.

2. **Afetação eficiente de recursos:** O excedente do produtor contribui para a eficiência económica ao assegurar que os recursos são afectados às suas utilizações mais valorizadas. Os produtores que podem fornecer bens a um custo inferior ao preço de mercado captam o excedente, conduzindo a uma afetação óptima dos recursos e maximizando o bem-estar

económico global.

3. **Equilíbrio do mercado:** O excedente total do produtor no mercado reflecte o nível de bem-estar do produtor e contribui para alcançar o equilíbrio do mercado. Num mercado competitivo, o excedente do produtor é maximizado quando a oferta é igual à procura, o que indica uma afetação eficiente dos recursos e resultados óptimos do mercado.

4. **Incentivos ao investimento:** O potencial para obter excedentes do produtor incentiva o investimento em tecnologias de produção, inovação e empreendedorismo. Os produtores esforçam-se por melhorar a eficiência, reduzir os custos de produção e diferenciar os seus produtos para obter uma maior parte dos lucros excedentários, impulsionando o crescimento económico e o desenvolvimento.

5. **Geração de rendimentos:** O excedente do produtor representa uma fonte de rendimento para os produtores, contribuindo para os seus meios de subsistência e bem-estar económico. Permite aos produtores cobrir os seus custos de produção, obter lucros e reinvestir nas suas empresas, promovendo o desenvolvimento agrícola sustentável e a prosperidade rural.

6. **Estabilidade do mercado:** O excedente do produtor desempenha um papel na estabilização dos mercados, influenciando as decisões de produção e a capacidade de resposta da oferta. Um excedente do produtor mais elevado incentiva o aumento da produção em resposta ao aumento da procura, ajudando a estabilizar os preços e a garantir o equilíbrio do mercado ao longo do tempo.

7. **Benefícios para o consumidor:** Embora o excedente do produtor beneficie principalmente os produtores, pode também beneficiar indiretamente os consumidores, estimulando o aumento da produção, conduzindo a uma maior disponibilidade de produtos, a preços mais baixos e a um maior bem-estar dos consumidores.

8. **Receitas públicas:** O excedente do produtor pode contribuir para as receitas públicas através da tributação dos lucros obtidos pelos produtores. As políticas de tributação podem influenciar os níveis de excedente do produtor e afetar os resultados do mercado, proporcionando aos governos um instrumento para redistribuir o excedente e resolver problemas de equidade.

O excedente do produtor é um conceito vital em economia que reflecte o benefício líquido que os produtores retiram das transacções de mercado. A sua importância vai além dos produtores individuais, influenciando a dinâmica do mercado, a afetação de recursos, as decisões de investimento e o bem-estar económico global. Compreender o papel do excedente do produtor é essencial para os decisores políticos, economistas e participantes no mercado na análise dos resultados do mercado, na conceção de políticas e na promoção da prosperidade económica.

Factores que influenciam o excedente do produtor

O excedente do produtor, ou seja, o benefício económico que os produtores obtêm ao participarem em transacções de mercado, é influenciado por vários factores que determinam a dinâmica do mercado, as decisões de produção e a afetação de recursos. A compreensão destes factores permite compreender os factores determinantes do bem-estar dos produtores e os resultados do mercado. Eis alguns dos principais factores que influenciam o excedente do produtor:

1. **Custo de produção:** O custo dos factores de produção, como a mão de obra, as matérias-primas e o capital, tem um impacto significativo no preço mínimo aceitável do produtor. Custos de produção mais baixos permitem aos produtores fornecer bens a um preço mais baixo, levando a um excedente mais elevado. Os factores que afectam os custos de produção,

como a tecnologia, os preços dos factores de produção e as economias de escala, influenciam os níveis de excedente do produtor.

2. **Tecnologia e eficiência:** Os avanços na tecnologia e nas técnicas de produção podem reduzir os custos de produção e aumentar a eficiência, permitindo que os produtores forneçam bens a preços mais baixos e obtenham maiores excedentes. Os investimentos em investigação e desenvolvimento, inovação e adoção de tecnologias podem aumentar a produtividade e contribuir para aumentar o excedente do produtor.

3. **Condições de mercado:** As alterações nas condições da procura e da oferta no mercado afectam o preço e a quantidade de equilíbrio, tendo consequentemente impacto no excedente do produtor. As mudanças nas curvas da procura ou da oferta podem levar a alterações nos níveis de excedente, com factores como as preferências dos consumidores, os níveis de rendimento, a concorrência no mercado e os choques externos a influenciarem as condições de mercado.

4. **Políticas governamentais:** As intervenções governamentais, tais como impostos, subsídios, controlos de preços e restrições comerciais, podem influenciar o excedente do produtor, alterando os preços de mercado e os incentivos à produção. Os subsídios concedidos aos produtores podem aumentar o excedente através da redução dos custos de produção ou do aumento das receitas, enquanto os impostos ou a regulamentação podem diminuir o excedente através do aumento dos custos ou da redução do acesso ao mercado.

5. **Concorrência:** O nível de concorrência no mercado afecta o excedente do produtor. Em mercados concorrenciais, os produtores têm menos poder de fixação de preços, o que conduz a um excedente mais baixo, enquanto em mercados monopolistas ou oligopolistas, os produtores podem obter um excedente mais elevado devido ao seu poder de mercado.

Factores como a estrutura do mercado, as barreiras à entrada e a concentração do sector influenciam o nível de concorrência e o seu impacto no excedente do produtor.

6. **Preços dos factores de produção:** Os preços dos factores de produção utilizados na produção, como o trabalho, a terra e o capital, influenciam os níveis de excedente do produtor. As mudanças nos preços dos factores de produção afectam os custos de produção e a rentabilidade, influenciando assim o preço mínimo aceitável e o excedente do produtor. Factores como as condições do mercado dos factores de produção, a disponibilidade e as políticas governamentais podem influenciar os preços dos factores de produção e o seu impacto no excedente.

7. **Acesso ao mercado e infra-estruturas:** O acesso dos produtores aos mercados, às infra-estruturas de transporte e à informação sobre o mercado afecta a sua capacidade de vender bens e de captar excedentes. Um melhor acesso ao mercado, redes de transporte eficientes e acesso a informações sobre o mercado permitem que os produtores alcancem uma base de clientes mais ampla, aumentem as vendas e obtenham maiores excedentes. A localização geográfica, a logística e a integração do mercado têm um impacto no acesso ao mercado e nas infra-estruturas.

8. **Factores externos:** Os factores externos, como as condições meteorológicas, as catástrofes naturais e as tendências económicas globais, podem influenciar os níveis de excedentes dos produtores, afectando os rendimentos da produção, os preços dos factores de produção e a procura do mercado. A capacidade dos produtores para se adaptarem aos choques externos, mitigarem os riscos e responderem às mudanças nas condições do mercado influencia os seus níveis de excedentes.

O excedente do produtor é influenciado por uma interação

complexa de factores que determinam a dinâmica do mercado, as decisões de produção e os resultados económicos. A compreensão destes factores é essencial para analisar o bem-estar dos produtores, a eficiência do mercado e as implicações políticas. Os decisores políticos, os economistas e os participantes no mercado devem ter em conta estes factores na conceção de políticas, na avaliação do desempenho do mercado e na promoção do bem-estar económico.

Capítulo 11: Excedente transacionável

Excedente transacionável

Na intrincada teia da economia agrícola, o conceito de excedente comercializável é um elemento fundamental, moldando as decisões de produção, a dinâmica do mercado e os resultados económicos. Compreender os excedentes comercializáveis é fundamental para avaliar o desempenho do mercado agrícola, avaliar a segurança alimentar e conceber políticas para promover o desenvolvimento agrícola.

Na sua essência, o excedente transacionável refere-se à parte da produção total de um produtor que está disponível para venda no mercado depois de satisfazer o consumo e outras necessidades não mercantis. Representa o excedente de produção que os produtores têm disponível para troca ou venda no mercado, contribuindo para a oferta de bens e serviços na economia.

O conceito de excedente comercializável engloba a interação entre produção, consumo e transacções de mercado no sector agrícola. Reflecte a produção excedentária para além do que é necessário para consumo pessoal, sementes, alimentos para animais ou outros fins não mercantis. O excedente comercializável constitui a principal fonte de produtos agrícolas disponíveis para troca, comércio e distribuição no mercado.

A compreensão dos excedentes comercializáveis permite compreender vários aspectos da economia agrícola e da dinâmica do mercado. A compreensão dos excedentes transaccionáveis permite compreender vários aspectos da economia agrícola e da dinâmica do mercado, esclarecendo a disponibilidade de excedentes de produtos agrícolas para consumo, exportação, transformação e armazenagem. Os excedentes comercializáveis desempenham um papel crucial na determinação dos preços de mercado, na gestão da cadeia de abastecimento e na segurança alimentar, tanto a nível nacional como mundial.

Além disso, o excedente comercializável é um indicador-chave da produtividade agrícola, da eficiência e da integração no mercado. Reflecte a capacidade dos produtores de gerar excedentes de produção para além das suas necessidades de subsistência e de participar em transacções de mercado. A análise dos excedentes comercializáveis permite que os decisores políticos, os economistas e as partes interessadas avaliem o desempenho do mercado agrícola, identifiquem as restrições à produção e concebam intervenções para promover a eficiência do mercado e o desenvolvimento agrícola.

O excedente comercializável é um conceito fundamental em economia agrícola que reflecte o excedente de produção disponível para troca e venda no mercado. Compreender o excedente comercializável é essencial para analisar a dinâmica do mercado, avaliar a produtividade agrícola e conceber políticas para promover o desenvolvimento agrícola, a segurança alimentar e o crescimento económico.

Significado:

O excedente comercializável, também conhecido como produto comercializável ou excedente comercializado, refere-se à parte da produção total de um produtor que está disponível para venda no mercado depois de satisfazer o consumo e outras necessidades não comerciais. Representa o excedente de produção que os produtores têm disponível para troca ou venda no mercado.

Importância:

1. **Geração de rendimentos:** Os excedentes comercializáveis permitem aos produtores gerar rendimentos através da venda dos seus produtos excedentários no mercado, contribuindo para a sua subsistência e bem-estar económico.

2. **Integração no mercado:** A disponibilidade de excedentes comercializáveis permite que os produtores participem em transacções de mercado e se integrem na economia em geral, facilitando o crescimento económico e o desenvolvimento.

3. **Descoberta de preços:** A venda de excedentes comercializáveis no mercado ajuda a determinar os preços de mercado com base na dinâmica da oferta e da procura, conduzindo a uma afetação eficiente dos recursos e a uma formação óptima dos preços.

4. **Estabilização dos preços:** Um excedente comercializável adequado pode ajudar a estabilizar os preços, aumentando a oferta em períodos de escassez e reduzindo os preços em períodos de excesso de oferta, equilibrando assim as flutuações do mercado.

5. **Segurança alimentar:** Os excedentes comercializáveis desempenham um papel crucial na garantia da segurança alimentar, disponibilizando os excedentes alimentares para consumo e distribuição, satisfazendo assim as necessidades nutricionais dos consumidores.

6. **Oportunidades de investimento:** O rendimento gerado pela venda de excedentes comercializáveis fornece aos produtores recursos para reinvestir nas suas actividades agrícolas, tais como a compra de factores de produção, a melhoria das infra-estruturas e a adoção de novas tecnologias.

Factores que influenciam o excedente comercializável

Vários factores determinam as decisões de produção, a dinâmica do mercado e os resultados económicos no sector agrícola, influenciando o excedente comercializável, a parte da produção total de um produtor disponível para venda no mercado depois de satisfazer o consumo e a procura não comercial. A compreensão destes factores permite compreender os factores determinantes do excedente comercializável e as suas implicações para os mercados agrícolas e a segurança alimentar. Eis alguns dos principais factores que influenciam os excedentes comercializáveis:

1. **Níveis de produção:** A quantidade total de produtos produzidos pelos agricultores tem um impacto direto na

disponibilidade de excedentes comercializáveis. Níveis de produção mais elevados resultam em excedentes maiores, enquanto uma produção mais baixa leva a excedentes reduzidos. Factores como a disponibilidade de terras, os factores de produção agrícola, a adoção de tecnologias e as condições meteorológicas influenciam os níveis de produção e, consequentemente, os excedentes comercializáveis.

2. **Rendimento e produtividade:** A produtividade e os níveis de rendimento das culturas agrícolas influenciam significativamente a quantidade de excedentes produzidos. Rendimentos mais elevados resultam em excedentes maiores, enquanto rendimentos mais baixos reduzem a disponibilidade de excedentes. Os factores que afectam o rendimento e a produtividade incluem variedades de culturas, práticas agronómicas, irrigação, gestão de pragas e doenças e gestão da fertilidade do solo.

3. **Padrões de consumo:** A quantidade de produtos consumidos pelos agricultores e suas famílias para uso pessoal, sementes, rações ou outros fins não comerciais afecta a quantidade de excedentes disponíveis para venda no mercado. As preferências alimentares, a dimensão do agregado familiar, os níveis de rendimento, os factores culturais e as considerações de segurança alimentar influenciam os padrões de consumo.

4. **Instalações de armazenamento e conservação:** A disponibilidade de instalações de armazenamento e conservação afecta a capacidade dos agricultores para armazenar os excedentes de produtos e vendê-los no mercado. Uma infraestrutura de armazenamento adequada permite aos agricultores armazenar os excedentes durante períodos mais longos, gerir as variações sazonais da oferta e vender os produtos quando os preços são favoráveis. A falta de instalações de armazenagem pode conduzir a perdas pós-colheita, à redução dos excedentes comercializáveis e à diminuição dos rendimentos dos agricultores.

5. **Acesso ao mercado e infra-estruturas:** O acesso dos agricultores aos mercados, as infra-estruturas de transporte e a informação sobre o mercado influenciam a sua capacidade de vender os excedentes de produção no mercado. Um melhor acesso ao mercado, redes de transporte eficientes e acesso a informações sobre o mercado permitem que os agricultores alcancem uma base de clientes mais alargada, aumentem as vendas e captem excedentes comercializáveis mais elevados. Factores como a localização geográfica, as redes rodoviárias, as instalações de mercado e a integração do mercado têm um impacto no acesso ao mercado e nas infra-estruturas.

6. **Preços de mercado:** Os preços de mercado desempenham um papel significativo na determinação da quantidade de excedentes que os agricultores estão dispostos a vender no mercado. Preços mais altos incentivam os agricultores a vender mais excedentes, enquanto preços mais baixos podem levar à retenção de excedentes ou à redução da produção. As flutuações de preços, a transparência dos preços, a informação de mercado e as expectativas de preços têm um impacto nas decisões de comercialização dos agricultores e na disponibilidade de excedentes.

7. **Políticas governamentais:** As políticas governamentais, como os programas de apoio aos preços, os subsídios agrícolas, as políticas comerciais e os regimes de aquisição de alimentos, podem influenciar os níveis de excedentes comercializáveis. Os programas de apoio aos preços e as operações de aprovisionamento podem afetar os preços de mercado e a disponibilidade de excedentes, fornecendo incentivos de preços aos agricultores ou comprando diretamente os excedentes. Os subsídios aos factores de produção, ao crédito e à irrigação podem ter um impacto nos níveis de produção e na disponibilidade de excedentes.

8. **Procura do mercado:** A procura de produtos agrícolas no mercado influencia a quantidade de excedentes que os

agricultores estão dispostos a vender no mercado. Uma maior procura leva a um aumento das vendas de excedentes, enquanto uma menor procura pode resultar numa acumulação de excedentes ou numa redução da produção. O crescimento da população, os níveis de rendimento, as alterações alimentares, as preferências dos consumidores e a procura de exportação têm todos um impacto nos níveis de excedentes comercializáveis.

Os factores de produção, consumo, mercado e política influenciam os excedentes comercializáveis no sector agrícola, moldando a disponibilidade de excedentes, a dinâmica do mercado e os resultados económicos. A compreensão destes factores é essencial para que os decisores políticos, os responsáveis pelo planeamento agrícola e os participantes no mercado possam avaliar o desempenho do mercado, conceber intervenções e promover o desenvolvimento agrícola sustentável e a segurança alimentar.

Capítulo 12: Canais de marketing

Introdução

No complexo panorama do comércio, os canais de marketing funcionam como condutas vitais através das quais os bens e serviços fluem dos produtores para os consumidores. Estes canais englobam vários intermediários, processos e actividades que visam a entrega eficiente de produtos ao mercado-alvo. Compreender os canais de marketing é essencial para as empresas navegarem nas complexidades da distribuição, chegarem aos clientes de forma eficaz e alcançarem o sucesso no mercado.

Definição

Os canais de comercialização, também conhecidos como canais de distribuição ou canais comerciais, referem-se às vias ou rotas através das quais os bens e serviços passam dos produtores para os consumidores. Estes canais englobam uma rede de intermediários, incluindo grossistas, retalhistas, agentes e distribuidores, que facilitam a circulação, o armazenamento e a venda de produtos. Os canais de comercialização envolvem também uma série de actividades, como o transporte, o armazenamento, a embalagem, a promoção e o processamento de pagamentos, para assegurar o fluxo regular de bens até ao utilizador final.

Tipos de canais de mercado:

1. **Canais de distribuição direta:**

   - Nos canais de distribuição direta, os produtores vendem os produtos diretamente aos consumidores sem o envolvimento de intermediários.

   - Os exemplos incluem vendas em linha, lojas de retalho detidas pela empresa, correio direto e vendas porta-a-porta.

o Os canais diretos oferecem aos produtores um maior controlo sobre os preços, a marca e as relações com os clientes, mas podem exigir um investimento significativo em infra-estruturas de marketing e distribuição.

2. **Canais de distribuição indirectos:**

o Os canais de distribuição indirectos implicam a utilização de intermediários para distribuir produtos aos consumidores.

o Os tipos de intermediários incluem grossistas, retalhistas, agentes, corretores e distribuidores.

o Os canais indirectos proporcionam uma maior cobertura do mercado, tiram partido da experiência dos intermediários e reduzem a carga logística do produtor, mas podem resultar em margens de lucro mais baixas e num menor controlo sobre a mistura de comercialização.

3. **Canais de distribuição híbridos:**

o Os canais de distribuição híbridos combinam elementos dos canais diretos e indirectos para chegar aos clientes.

o Por exemplo, um fabricante pode vender produtos através do seu sítio Web (direto) e distribuir produtos através de lojas de retalho (indireto).

o Os canais híbridos oferecem flexibilidade para atingir diversos segmentos de clientes, optimizando a cobertura do mercado e equilibrando o controlo e as considerações de custo.

Factores que afectam os canais de marketing:

1. **Caraterísticas do produto:**

o A natureza do produto, incluindo a sua perecibilidade, complexidade e valor, influencia a escolha dos canais de distribuição.

- o Os bens perecíveis podem necessitar de canais diretos para minimizar o manuseamento e garantir a frescura, enquanto os produtos complexos ou de elevado valor podem beneficiar de apoio personalizado às vendas fornecido por intermediários.

2. **Caraterísticas do mercado:**

- o A dimensão do mercado, a dispersão geográfica e as preferências dos consumidores influenciam a seleção dos canais de distribuição.

- o Os mercados grandes e dispersos podem exigir redes de distribuição extensas que envolvam intermediários para chegar aos clientes de forma eficaz, enquanto os mercados de nicho ou localizados podem ser servidos através de canais diretos ou retalhistas especializados.

3. **Ambiente competitivo:**

- o O cenário competitivo, incluindo a presença de concorrentes e as suas estratégias de distribuição, tem impacto na seleção do canal.

- o A concorrência intensa pode exigir a utilização de múltiplos canais para diferenciar produtos, alcançar novos segmentos de clientes ou responder eficazmente às acções dos concorrentes.

4. **Intermediários de canal:**

- o A disponibilidade, as capacidades e as preferências dos intermediários do canal influenciam as decisões do canal.

- o Factores como a cobertura do mercado, a reputação, a estabilidade financeira e a vontade de promover produtos dos intermediários afectam a sua adequação como parceiros de distribuição.

5. **Considerações sobre custos e eficiência:**

   - O custo de distribuição, incluindo transporte, armazenamento, gestão de inventário e comissões de intermediários, afecta a seleção do canal.

   - Os produtores procuram equilibrar os custos de distribuição com o nível desejado de cobertura do mercado, a qualidade do serviço e a rendibilidade.

6. **Avanços tecnológicos:**

   - As inovações tecnológicas, como as plataformas de comércio eletrónico, as aplicações móveis e as ferramentas de marketing digital, influenciam os canais de distribuição.

   - As tecnologias digitais permitem que os produtores cheguem diretamente aos clientes, contornando os intermediários tradicionais, e oferecem novas opções de distribuição, como os mercados em linha, os canais das redes sociais e os serviços de assinatura.

7. **Factores legais e regulamentares:**

   - Os requisitos legais, os regulamentos e as normas da indústria podem afetar as decisões do canal, especialmente em indústrias regulamentadas, como a farmacêutica, a alimentar e a dos serviços financeiros.

   - o cumprimento das leis relacionadas com a rotulagem dos produtos, a embalagem, os acordos de distribuição e a proteção dos consumidores influencia a conceção e o funcionamento dos canais de comercialização.

Os canais de marketing desempenham um papel crucial na ligação entre produtores e consumidores, facilitando a troca de bens e serviços e impulsionando o sucesso empresarial. Ao compreender os tipos de canais disponíveis, bem como os factores que influenciam a sua seleção, as empresas podem conceber estratégias de distribuição eficazes, otimizar a cobertura do mercado e aumentar a satisfação do cliente.

Capítulo 13: Integração do mercado

Integração do mercado

A integração do mercado refere-se ao processo pelo qual mercados separados ou independentes se tornam interconectados e interdependentes, levando à harmonização de preços, oferta, procura e outras variáveis de mercado em diferentes regiões, sectores ou níveis da cadeia de abastecimento. Envolve o fluxo contínuo de bens, serviços e informações entre mercados, resultando numa maior eficiência, concorrência e crescimento económico.

Definição:

A integração do mercado ocorre quando os obstáculos ao comércio, ao transporte, à comunicação e à divulgação de informações são reduzidos ou eliminados, permitindo que os mercados funcionem de forma mais eficiente e eficaz. Implica a integração de vários participantes no mercado, incluindo produtores, consumidores, comerciantes, intermediários e autoridades reguladoras, num sistema de mercado unificado e interligado.

Tipos de integração do mercado:

1. **Integração horizontal:**

   o **Significado:** A integração horizontal refere-se à consolidação ou combinação de empresas que operam ao mesmo nível da cadeia de abastecimento ou no mesmo sector.

   o **Exemplo:** Na agricultura, a integração horizontal pode envolver a fusão de várias explorações agrícolas de pequena escala ou de empresas agro-industriais que produzem produtos semelhantes, como o trigo ou os lacticínios, para obter economias de escala e aumentar o poder de mercado.

- o **Benefícios:** A integração horizontal pode conduzir a ganhos de eficiência em termos de custos, economias de escala, consolidação do mercado e aumento da competitividade.

2. **Integração vertical:**

- o **Significado:** A integração vertical refere-se à integração de empresas que operam em diferentes fases da cadeia de abastecimento, desde a produção à distribuição e à venda a retalho.

- o **Exemplo:** Na agricultura, a integração vertical pode implicar que uma exploração agrícola se integre para trás no fornecimento de factores de produção (por exemplo, sementes, fertilizantes) ou para a frente no processamento, distribuição e venda a retalho (por exemplo, operações da exploração para a mesa ou produtos alimentares de marca).

- o **Benefícios:** A integração vertical pode conduzir a uma melhor coordenação, ao controlo da qualidade e da cadeia de abastecimento, à redução de custos, à atenuação dos riscos e ao aumento do valor acrescentado.

3. **Integração de conglomerados:**

- o **Significado:** A integração de conglomerados refere-se à integração de empresas que operam em sectores ou mercados não relacionados ou diversos.

- o **Exemplo:** Na agricultura, a integração de conglomerados pode envolver um conglomerado agroindustrial diversificado que opera em vários sectores, como a agricultura, a transformação de alimentos, os agroquímicos e a venda a retalho.

- o **Benefícios:** A integração de conglomerados pode

diversificar os riscos, explorar sinergias, captar novas oportunidades de mercado e aumentar o crescimento e a rendibilidade das empresas.

Elaboração:

Integração horizontal:

A integração horizontal conduz frequentemente à consolidação do mercado, em que um número mais reduzido de grandes empresas domina o mercado. Esta consolidação pode resultar num aumento do poder de mercado, numa redução da concorrência e em potenciais preocupações antitrust. No entanto, a integração horizontal pode também criar economias de escala, melhorar a eficiência operacional e aumentar a competitividade do mercado, beneficiando tanto os produtores como os consumidores.

Integração vertical:

A integração vertical envolve a integração de empresas ao longo de diferentes fases da cadeia de abastecimento, desde o fornecimento de factores de produção até à produção, transformação, distribuição e venda a retalho. A integração vertical pode melhorar a coordenação da cadeia de abastecimento, o controlo da qualidade e a eficiência dos custos, reduzindo os custos de transação, minimizando a dependência de fornecedores externos e racionalizando as operações. No entanto, a integração vertical pode também suscitar preocupações em termos de domínio do mercado, concorrência desleal e potenciais infracções às regras antitrust.

Integração de conglomerados:

A integração de conglomerados envolve a diversificação de empresas em sectores ou mercados não relacionados ou diversos. A integração de conglomerados permite às empresas repartir o risco, capitalizar novas oportunidades de crescimento e potenciar sinergias entre diferentes segmentos de atividade. No entanto, a gestão de interesses empresariais diversos e a obtenção de sinergias podem constituir um desafio e a integração de conglomerados pode nem sempre resultar nos benefícios esperados.

A integração dos mercados desempenha um papel crucial na definição da estrutura e da dinâmica dos mercados, dos sectores e das economias. Compreender os diferentes tipos de integração do mercado, nomeadamente a integração horizontal, vertical e conglomerada, ajuda os decisores políticos, as empresas e as partes interessadas a navegar pelas complexidades da dinâmica do mercado e a aproveitar os potenciais benefícios da integração, atenuando simultaneamente os riscos e desafios associados.

Capítulo 14: Eficiência do mercado

Significado:

A eficiência do mercado refere-se ao grau em que os mercados afectam recursos, bens e serviços de forma a maximizar o bem-estar económico global. Engloba vários aspectos do funcionamento do mercado, incluindo a afetação de recursos, a eficiência da produção, a determinação dos preços, a divulgação de informações e a capacidade dos mercados para responder a alterações da oferta e da procura.

Definições:

1. **Eficiência técnica:**

   o **Significado:** A eficiência técnica refere-se à capacidade das empresas ou produtores para produzir o máximo de resultados a partir de um determinado conjunto de factores de produção ou recursos, utilizando a tecnologia e os métodos de produção disponíveis.

   o **Exemplo:** Uma exploração agrícola é considerada tecnicamente eficiente se produzir a quantidade máxima de produtos (por exemplo, culturas ou gado) utilizando a menor quantidade de factores de produção (por exemplo, trabalho, terra, capital).

   o **Indicadores:** As medidas de eficiência técnica incluem rácios de input-output, níveis de produtividade e análise da fronteira de produção.

2. **Eficiência alocativa:**

   o **Significado:** A eficiência alocativa refere-se à capacidade dos mercados para afetar recursos às suas utilizações mais valiosas ou mais elevadas, resultando na afetação óptima de recursos entre diferentes bens e serviços.

   o **Exemplo:** Um mercado é considerado alocativamente eficiente se os recursos forem afectados de forma a que o benefício marginal (preço) do consumo de um bem ou serviço seja igual ao seu custo marginal de produção.

- o **Indicadores:** As medidas de eficiência alocativa incluem sinais de preço, equilíbrio de mercado e a ausência de distorções de mercado, como impostos, subsídios ou comportamento monopolista.

Elaboração:

Eficiência técnica:

A eficiência técnica centra-se no próprio processo de produção e na eficácia com que os factores de produção são utilizados para produzir resultados. As empresas ou produtores esforçam-se por alcançar a eficiência técnica adoptando as melhores práticas, melhorando as técnicas de produção e minimizando o desperdício de recursos. A eficiência técnica é essencial para maximizar os níveis de produção e minimizar os custos de produção, contribuindo para a produtividade global e a competitividade no mercado.

Eficiência alocativa:

A eficiência alocativa diz respeito à distribuição de recursos entre diferentes utilizações ou actividades para maximizar o bem-estar geral. Em mercados eficientes em termos de afetação, os recursos são canalizados para actividades ou indústrias onde podem gerar os rendimentos mais elevados ou proporcionar a maior satisfação aos consumidores. Os preços desempenham um papel crucial na sinalização da escassez, da procura e do valor, orientando os produtores e os consumidores nas suas decisões de afetação de recursos. A eficiência alocativa garante que os recursos são atribuídos de forma eficiente para satisfazer as necessidades e preferências da sociedade, conduzindo a uma utilização óptima dos recursos e ao bem-estar económico.

Importância:

1. **Afetação de recursos:** A eficiência do mercado garante que os recursos são afectados às suas utilizações mais valorizadas, conduzindo a uma utilização óptima dos recursos e a níveis de produtividade.

2. **Bem-estar dos consumidores:** Mercados eficientes resultam em preços mais baixos, maior escolha do consumidor e maior bem-estar do consumidor, assegurando que os bens e serviços são produzidos ao menor custo possível.

3. **Competitividade do produtor:** A eficiência técnica permite que os produtores reduzam os custos de produção, melhorem a qualidade dos produtos e aumentem a competitividade no mercado, conduzindo a maiores lucros e quotas de mercado.

4. **Crescimento económico:** A eficiência do mercado fomenta a inovação, o investimento e o espírito empresarial, recompensando a utilização eficiente dos recursos, promovendo o crescimento económico e aumentando a prosperidade geral.

A eficiência do mercado é essencial para garantir a afetação eficaz dos recursos, maximizar o bem-estar e promover o crescimento económico e o desenvolvimento. A eficiência técnica e a eficiência na afetação de recursos são duas dimensões fundamentais da eficiência do mercado, que reflectem a eficácia dos processos de produção e dos mecanismos de afetação de recursos na obtenção de resultados óptimos. Os decisores políticos, as empresas e as partes interessadas desempenham um papel crucial na promoção da eficiência do mercado através de reformas regulamentares, do investimento em infra-estruturas, da promoção da concorrência e da divulgação de informações sobre o mercado.

Capítulo 15: Custo de comercialização

Custo de marketing

Os custos de comercialização referem-se às despesas incorridas no processo de levar os produtos agrícolas dos produtores aos consumidores, incluindo o transporte, a transformação, a embalagem, a armazenagem, a publicidade e a distribuição. As margens representam a diferença entre o preço recebido pelos produtores pelos seus produtos e o preço pago pelos consumidores. Por outro lado, as margens de preços representam a diferença entre os preços recebidos pelos produtores e os preços pagos pelos consumidores, incluindo todos os custos intermédios e as margens.

Factores que afectam os custos de marketing:

1. **Custos de transporte:** A distância entre as áreas de produção e os mercados, bem como a disponibilidade e o custo das infra-estruturas de transporte, influenciam os custos de transporte.

2. **Custos de transformação e embalagem:** A complexidade e a extensão da transformação necessária para os produtos agrícolas, bem como o tipo e a qualidade da embalagem, afectam os custos de transformação e de embalagem.

3. **Custos de armazenamento:** Os custos associados à armazenagem de produtos agrícolas, incluindo instalações, equipamento, manuseamento e métodos de conservação, dependem de factores como a duração da armazenagem e a perecibilidade do produto.

4. **Custos de informação sobre o mercado:** O acesso à informação sobre o mercado, incluindo os preços, as tendências da procura e as preferências dos consumidores, afecta as decisões e os custos de marketing.

5. **Acesso ao mercado e custos de distribuição:** A eficiência e a acessibilidade dos canais de distribuição, incluindo

grossistas, retalhistas e intermediários de mercado, influenciam o acesso ao mercado e os custos de distribuição.

6. **Custos regulamentares e de conformidade:** O cumprimento de regulamentos, normas e certificações, bem como de licenças, autorizações e inspecções, implica custos de regulamentação e conformidade.

7. **Custos promocionais e de publicidade:** Os esforços de marketing, como a publicidade, as promoções e a marca, influenciam a consciencialização dos consumidores, a procura e os custos de marketing.

8. **Estrutura de mercado e concorrência:** O grau de concentração do mercado, a concorrência e o poder de negociação dos participantes no mercado afectam os preços, as margens e os custos de comercialização.

Razões para o aumento dos custos de comercialização dos produtos agrícolas:

1. **Perecibilidade:** Muitos produtos agrícolas, tais como frutas, legumes e produtos lácteos, têm um prazo de validade limitado e requerem um manuseamento, armazenamento e transporte especializados, o que leva a custos de comercialização mais elevados.

2. **Sazonalidade:** As flutuações sazonais na produção e na procura de produtos agrícolas podem resultar em desequilíbrios entre a oferta e a procura, volatilidade dos preços e custos de comercialização mais elevados durante as épocas altas.

3. **Cadeias de abastecimento fragmentadas:** A fragmentação e a falta de integração nas cadeias de abastecimento agrícola, incluindo múltiplos intermediários e canais de distribuição ineficientes, podem aumentar os custos de transação e as despesas de comercialização.

4. **Dispersão geográfica:** A produção agrícola está muitas vezes

dispersa por zonas rurais, locais remotos e regiões agro-climáticas diversas, o que conduz a custos de transporte mais elevados e a desafios logísticos.

5. **Qualidade e normas:** O cumprimento das normas de qualidade, das certificações e dos requisitos regulamentares, como as normas de segurança alimentar e de rastreabilidade, pode implicar custos adicionais para os produtores agrícolas e os comerciantes.

6. **Assimetria de informação do mercado:** A assimetria de informação entre produtores e consumidores, bem como o acesso limitado à informação sobre o mercado e a transparência dos preços, podem conduzir a decisões de comercialização ineficazes e a custos de comercialização mais elevados.

Formas de reduzir os custos de comercialização dos produtos agrícolas:

1. **Integração vertical:** A integração para trás ou para a frente ao longo da cadeia de abastecimento, como as operações "da exploração para a mesa" ou a comercialização direta, pode reduzir a dependência de intermediários e diminuir os custos de comercialização.

2. **Melhorar as infra-estruturas:** O investimento em infra-estruturas de transporte, armazenamento e transformação, bem como na logística da cadeia de frio, pode melhorar a eficiência, reduzir as perdas e diminuir os custos de comercialização.

3. **Melhorar a informação sobre o mercado:** O acesso a informações de mercado atempadas e exactas, através de sistemas de informação de mercado, plataformas digitais e serviços de extensão, pode ajudar os agricultores a tomar decisões de comercialização informadas e a reduzir os custos de comercialização.

4. **Processamento de valor acrescentado:** Acrescentar valor

aos produtos agrícolas através da transformação, da embalagem, da marca e da diferenciação pode aumentar o valor, as margens e a competitividade dos produtos, compensando assim os custos de comercialização.

5. **Comercialização cooperativa:** Os acordos de comercialização em colaboração, como as cooperativas de produtores, os grupos de agricultores e as iniciativas de comercialização colectiva, podem reunir recursos, reduzir os custos de transação e melhorar o acesso dos agricultores ao mercado.

6. **Promoção de estruturas de mercado eficientes:** A promoção da concorrência, da transparência e da eficiência nos mercados agrícolas através de reformas regulamentares, da liberalização do mercado e de medidas anti-trust pode reduzir os preços, as margens e os custos de comercialização.

A redução dos custos de comercialização dos produtos agrícolas exige a abordagem de vários factores que afectam as despesas, incluindo o transporte, a transformação, o armazenamento, o acesso ao mercado e o cumprimento da regulamentação. A adoção de estratégias como a integração vertical, a melhoria das infra-estruturas, o reforço da informação sobre o mercado, a transformação de valor acrescentado, a comercialização cooperativa e a promoção da estrutura do mercado podem ajudar os agricultores e os comerciantes a reduzir os custos de comercialização e a melhorar a rentabilidade dos mercados agrícolas.

Capítulo 16: Preços dos produtos agrícolas

Introdução

Os preços dos produtos agrícolas estão no centro das economias agrícolas, moldando os meios de subsistência dos agricultores, a acessibilidade dos consumidores e a estabilidade do mercado alimentar global. Estes preços representam o valor atribuído aos vários produtos agrícolas transaccionados nos mercados, reflectindo a interação dinâmica das forças da oferta e da procura, das condições de produção, da dinâmica do mercado e de factores externos.

Importância:

Os preços dos produtos agrícolas influenciam significativamente os seguintes factores:

1. **Rendimentos dos agricultores:** Os preços têm um impacto direto no rendimento e na rentabilidade dos agricultores, influenciando as suas decisões em matéria de seleção de culturas, práticas de produção, utilização de factores de produção e investimento em actividades agrícolas.

2. **Acessibilidade do consumidor:** Os preços determinam o custo dos alimentos para os consumidores, afectando os orçamentos familiares, o poder de compra e o acesso a opções alimentares nutritivas e acessíveis.

3. **Funcionamento do mercado:** Os preços servem como sinais que orientam a afetação de recursos, as decisões de produção, as estratégias de comercialização e os fluxos comerciais nos mercados agrícolas, assegurando uma afetação eficiente dos recursos e a coordenação entre os participantes no mercado.

4. **Segurança alimentar:** A existência de preços estáveis e acessíveis é essencial para garantir a segurança alimentar, uma vez que proporciona aos consumidores um acesso fiável aos alimentos e aos agricultores rendimentos estáveis,

promovendo assim a produção e o abastecimento agrícolas.

Os preços dos produtos agrícolas apresentam várias caraterísticas únicas devido à natureza da produção agrícola, à dinâmica do mercado e a factores externos:

1. **Variabilidade sazonal:** Os preços agrícolas flutuam frequentemente de forma sazonal devido a factores como as épocas de plantação e colheita das culturas, as condições meteorológicas e a dinâmica da oferta e da procura.

2. **Volatilidade dos preços:** Os mercados agrícolas são propensos à volatilidade dos preços, influenciados por factores como as condições meteorológicas, surtos de doenças, tendências do mercado global e factores geopolíticos.

3. **Procura inelástica:** A procura de muitos produtos agrícolas, em particular de alimentos básicos, é relativamente inelástica, o que significa que as alterações de preço têm um impacto limitado na procura. Os consumidores dão frequentemente prioridade às despesas com produtos alimentares essenciais, o que leva a uma procura estável mesmo quando os preços sobem.

4. **Rigidez dos preços:** Os preços agrícolas podem apresentar rigidez ou rigidez, com ajustamentos às mudanças na oferta ou na procura que ocorrem lentamente devido a factores como os longos ciclos de produção, a perecibilidade dos produtos e as imperfeições do mercado.

5. **Integração global dos mercados:** Os preços agrícolas são cada vez mais influenciados pelas tendências do mercado mundial, pelas políticas comerciais e pelas flutuações das taxas de câmbio, o que conduz a uma interconexão entre os mercados nacionais e internacionais.

Estabilização dos preços agrícolas

A estabilização dos preços agrícolas refere-se à implementação de políticas e medidas destinadas a reduzir a volatilidade dos preços, a assegurar a estabilidade dos preços e a proteger os rendimentos dos agricultores. As políticas de estabilização dos preços procuram atenuar os efeitos adversos das flutuações dos preços para os agricultores, os consumidores e a economia em geral.

Necessidade de uma política de preços agrícolas

A necessidade de uma política de preços agrícolas decorre de várias considerações fundamentais:

1. **Estabilidade dos rendimentos dos agricultores:** A política de preços agrícolas tem por objetivo proporcionar aos agricultores preços estáveis e remuneradores para os seus produtos, garantindo um retorno justo do seu investimento, trabalho e risco.

2. **Segurança alimentar:** A estabilidade dos preços dos produtos agrícolas de base é essencial para garantir a segurança alimentar, mantendo preços acessíveis para os consumidores e rendimentos estáveis para os agricultores, promovendo assim a produção e a oferta agrícolas.

3. **Desenvolvimento rural:** A estabilidade dos preços agrícolas contribui para o desenvolvimento rural, estimulando o investimento na agricultura, apoiando os meios de subsistência rurais e promovendo o crescimento económico nas zonas rurais.

4. **Eficiência do mercado:** As políticas de preços podem ajudar a corrigir as falhas do mercado, atenuar as distorções dos preços e melhorar a eficiência do mercado, alinhando a oferta e a procura, reduzindo a volatilidade dos preços e promovendo uma concorrência leal.

Comissão dos Custos e Preços Agrícolas (CACP)

A Comissão dos Custos e Preços Agrícolas (CACP) é um organismo autónomo criado pelo Governo da Índia para recomendar preços mínimos de apoio (PMS) para os principais produtos agrícolas. A CACP avalia factores como o custo de produção, as condições da oferta e da procura, os preços nacionais e internacionais e as tendências do mercado, a fim de recomendar PMA que assegurem preços remuneradores para os agricultores.

Preços administrados

Os preços administrados referem-se aos preços fixados ou controlados pelo governo através de mecanismos reguladores, subsídios ou intervenções para atingir objectivos políticos específicos. No contexto da agricultura, os preços administrados incluem:

1. **Preço Mínimo de Apoio (PMS):** O PMS é o preço a que o governo adquire os produtos agrícolas aos agricultores para apoiar os seus rendimentos e estabilizar os preços de mercado. Os MSPs são anunciados pelo governo com base nas recomendações do CACP.

2. **Preço de aquisição:** Os preços de aquisição são os preços a que as agências governamentais compram os produtos agrícolas aos agricultores ao abrigo de vários programas de aquisição, tais como a distribuição pública, a segurança alimentar e as operações de stocks de reserva.

3. **Preço de emissão:** Os preços de emissão são os preços a que os géneros alimentícios adquiridos pelo governo através de operações MSP são distribuídos aos consumidores através de sistemas de distribuição pública (PDS) e outros regimes de bem-estar.

A estabilização dos preços agrícolas e a política de preços são cruciais para garantir a estabilidade dos rendimentos dos agricultores, promover a segurança alimentar, fomentar o desenvolvimento rural e aumentar a eficiência do mercado. A Comissão de Custos e Preços Agrícolas (CACP) desempenha um papel fundamental na recomendação dos preços mínimos de apoio (PMS) para os produtos agrícolas, enquanto os preços administrados, como os PMS, os preços de aquisição e os preços de emissão, são utilizados para apoiar os rendimentos dos agricultores e estabilizar os preços de mercado. A aplicação eficaz das políticas de preços agrícolas exige um conhecimento profundo da dinâmica do mercado, dos custos de produção, das condições de oferta e procura e do contexto socioeconómico da agricultura.

Capítulo 17: Riscos em Marketing

Riscos em marketing

O marketing envolve várias actividades destinadas a promover, distribuir e vender produtos ou serviços aos consumidores. No entanto, também implica riscos inerentes que podem afetar o sucesso e a rentabilidade das empresas. Compreender estes riscos e implementar medidas para os mitigar é crucial para uma gestão de marketing eficaz. Eis uma descrição dos riscos no marketing, dos tipos de riscos e das medidas para os minimizar:

Significado:

Os riscos no marketing referem-se a incertezas ou potenciais acontecimentos adversos que podem afetar o desempenho, a rentabilidade e a reputação das actividades e iniciativas de marketing. Estes riscos resultam de factores como a dinâmica do mercado, a concorrência, o comportamento dos consumidores, as alterações regulamentares, os avanços tecnológicos e os acontecimentos externos.

Tipos de riscos:

1. **Risco de mercado:** O risco de mercado resulta de flutuações na procura, alterações nas preferências dos consumidores, condições económicas e tendências de mercado que podem afetar os volumes de vendas, as receitas e a quota de mercado.

2. **Risco concorrencial:** O risco concorrencial resulta de acções tomadas pelos concorrentes, tais como estratégias de preços, inovações de produtos, campanhas de marketing e posicionamento no mercado, que podem afetar a posição de mercado e a vantagem competitiva de uma empresa.

3. **Risco operacional:** O risco operacional resulta de factores internos, tais como perturbações na cadeia de abastecimento,

problemas de produção, desafios de distribuição, problemas de controlo de qualidade e problemas logísticos que podem prejudicar as actividades de marketing e o desempenho.

4. **Risco reputacional:** O risco reputacional envolve danos na imagem de marca, credibilidade e boa vontade de uma empresa devido a publicidade negativa, queixas de clientes, recolhas de produtos, lapsos éticos ou reacções nos meios de comunicação social, levando à perda de confiança e lealdade dos clientes.

5. **Risco regulamentar:** O risco regulamentar resulta de alterações nas leis, regulamentos, normas ou práticas da indústria que podem afetar as actividades de marketing, os requisitos de conformidade, a rotulagem dos produtos, a publicidade e o acesso ao mercado.

6. **Risco financeiro:** O risco financeiro está relacionado com as incertezas relativas a receitas, custos, estratégias de preços, rentabilidade, investimentos, taxas de câmbio, riscos de crédito e desempenho financeiro, que afectam a saúde financeira das operações de marketing.

Medidas para minimizar os riscos:

1. **Pesquisa e análise de mercado:** A realização de estudos de mercado, a análise das tendências de consumo e a monitorização da concorrência podem ajudar a identificar riscos e oportunidades de mercado, permitindo a tomada de decisões informadas e o planeamento estratégico.

2. **Diversificação:** A diversificação da oferta de produtos, dos mercados-alvo, dos canais de distribuição e das regiões geográficas pode ajudar a repartir os riscos e a reduzir a dependência de segmentos de mercado ou actividades comerciais específicos.

3. **Avaliação e gestão de riscos:** A avaliação dos riscos, o desenvolvimento de estratégias de gestão dos riscos e a

aplicação de medidas de atenuação dos riscos, como a transferência, a prevenção, a redução e a aceitação dos riscos, podem ajudar a gerir e a minimizar eficazmente os riscos de marketing.

4. **Gestão das relações com os clientes:** A construção de relações sólidas com os clientes, a prestação de um excelente serviço ao cliente, a resposta às reacções dos clientes e a manutenção da transparência podem ajudar a reduzir os riscos para a reputação e a aumentar a fidelidade à marca.

5. **Conformidade e ética:** Garantir a conformidade com leis, regulamentos, normas da indústria e práticas éticas e implementar programas de conformidade e controlos internos sólidos pode reduzir os riscos regulamentares e de reputação.

6. **Seguros e planos de contingência:** A obtenção de cobertura de seguro para riscos potenciais, como a responsabilidade pelos produtos, a interrupção da atividade e os riscos cibernéticos, e o desenvolvimento de planos de contingência para a gestão de crises e a continuidade da atividade podem atenuar os riscos financeiros e operacionais.

Especulação e cobertura de riscos:

- **Especulação:** A especulação envolve a assunção de riscos calculados em antecipação de futuros movimentos de mercado ou alterações de preços para lucrar com a compra ou venda de activos, tais como mercadorias, acções, moedas ou derivados, com base em expectativas de futuros movimentos de preços.

- **Cobertura:** A cobertura envolve a utilização de instrumentos financeiros, tais como contratos de futuros, opções ou swaps, para mitigar ou compensar riscos associados a flutuações de preços, movimentos de taxas de câmbio, alterações de taxas de juro ou volatilidade de preços de mercadorias, protegendo assim contra perdas potenciais.

Os riscos no marketing são inevitáveis, mas podem ser geridos através de estratégias proactivas de gestão de riscos, análise de mercado, diversificação, conformidade e planos de contingência. Compreender os tipos de riscos, o seu impacto potencial e implementar medidas para os minimizar são essenciais para garantir o sucesso, a resiliência e a sustentabilidade das actividades de marketing e das empresas em mercados dinâmicos e competitivos. Além disso, a especulação e a cobertura de riscos podem ser utilizadas como ferramentas financeiras para gerir eficazmente os riscos e otimizar o desempenho do marketing em ambientes de mercado incertos.

Capítulo 18: Negociação de futuros

Significado:

A negociação de futuros refere-se à compra e venda de contratos normalizados para a entrega futura de mercadorias, instrumentos financeiros ou activos a preços e datas prédeterminados. Estes contratos, conhecidos como contratos de futuros, são negociados em bolsas organizadas, onde compradores e vendedores acordam em comprar ou vender o ativo subjacente a um determinado preço e data no futuro.

Mercadorias para negociação futura:

1. **Commodities agrícolas:** Os produtos agrícolas, tais como cereais (trigo, milho, arroz), sementes oleaginosas (soja, óleo de palma), gado (bovinos, suínos), produtos lácteos e produtos de base (café, açúcar, algodão) são normalmente transaccionados em mercados de futuros.

2. **Produtos energéticos:** As mercadorias energéticas, como o petróleo bruto, o gás natural, o óleo para aquecimento e a gasolina, são ativamente transaccionadas em bolsas de futuros devido à sua importância nos mercados energéticos globais.

3. **Metais:** Os metais preciosos (ouro, prata, platina) e os metais de base (cobre, alumínio, zinco) são transaccionados em mercados de futuros, uma vez que constituem importantes factores de produção industrial e reservas de valor.

4. **Instrumentos financeiros:** Os instrumentos financeiros, tais como índices de acções, taxas de juro, moedas e obrigações, são também negociados como contratos de futuros, proporcionando exposição a várias classes de activos e segmentos de mercado.

Serviços prestados por um mercado a prazo:

1. **Descoberta de preços:** Os mercados a prazo facilitam a

descoberta de preços, proporcionando uma plataforma para compradores e vendedores negociarem e estabelecerem preços futuros com base na dinâmica da oferta e da procura, nas condições de mercado e nas expectativas.

2. **Gestão de riscos:** Os mercados a prazo permitem que os participantes no mercado se protejam contra a volatilidade dos preços e gerem os riscos associados aos movimentos futuros dos preços, permitindo aos produtores, consumidores, comerciantes e investidores atenuar potenciais perdas e incertezas.

3. **Liquidez:** Os mercados a prazo aumentam a liquidez do mercado ao fornecerem uma plataforma centralizada para a negociação de contratos normalizados, atraindo um leque diversificado de participantes e promovendo a formação eficiente de preços e a execução de transacções.

4. **Transparência de preços:** Os mercados a prazo promovem a transparência dos preços, fornecendo acesso a informações sobre os preços em tempo real, volumes de transacções e profundidade do mercado, permitindo aos participantes a tomada de decisões informadas e a análise do mercado.

5. **Oportunidades de arbitragem:** Os mercados a prazo facilitam as oportunidades de arbitragem, permitindo que os participantes no mercado explorem os diferenciais de preços entre os mercados à vista e de futuros, contribuindo para a eficiência do mercado e a convergência dos preços ao longo do tempo.

Perigos dos mercados a prazo:

1. **Risco de contraparte:** Os contratos a prazo são acordos bilaterais entre duas partes, expondo-as ao risco de contraparte, em que uma das partes pode não cumprir as suas obrigações, levando a perdas financeiras ou litígios legais.

2. **Falta de regulamentação:** Os mercados a prazo podem não ter supervisão regulamentar e transparência em comparação com as bolsas de futuros organizadas, aumentando o risco de manipulação do mercado, fraude e práticas comerciais desleais.

3. **Iliquidez:** Os mercados a prazo podem sofrer de falta de liquidez, com volumes de negociação limitados e livros de ordens reduzidos, tornando difícil para os participantes no mercado entrar ou sair de posições aos preços desejados.

4. **Manipulação de preços:** Os mercados a prazo podem ser susceptíveis de manipulação de preços por parte de grandes participantes no mercado ou de operações de iniciados, conduzindo a preços distorcidos, ineficiências do mercado e vantagens injustas para certos operadores.

5. **Risco de entrega:** Os contratos a prazo exigem a entrega física do ativo subjacente na data de vencimento, expondo os participantes no mercado ao risco de entrega, como desafios logísticos, custos de armazenamento, questões de qualidade e requisitos de conformidade regulamentar.

Agricultura por contrato:

A agricultura sob contrato refere-se a um sistema em que a produção agrícola é efectuada de acordo com um acordo entre um comprador e um agricultor. O acordo envolve termos pré-determinados relativos à quantidade, qualidade e preço do produto a fornecer. A agricultura sob contrato pode oferecer numerosos benefícios a ambas as partes, proporcionando estabilidade, redução de riscos e eficiência na produção e comercialização agrícolas.

Significado:

A agricultura sob contrato é uma parceria entre agricultores e empresas agro-industriais, transformadores, exportadores ou retalhistas. Ao abrigo deste acordo, o comprador fornece factores de produção, assistência técnica e um mercado garantido para os produtos do agricultor. Em contrapartida, o agricultor compromete-se a fornecer os produtos agrícolas de acordo com as normas e os prazos acordados.

Estrutura da agricultura sob contrato:

1. **Contratos formais:** Trata-se de acordos escritos que especificam os termos e condições do acordo, incluindo o fornecimento de factores de produção, as práticas de produção, as normas de qualidade, os prazos de entrega e os mecanismos de fixação de preços.

2. **Contratos informais:** Trata-se de acordos verbais ou informais que assentam na confiança e compreensão mútuas entre as partes, frequentemente utilizados em mercados mais pequenos ou locais.

3. **Contratos intermediados:** Nalguns casos, os intermediários, como as cooperativas ou os agentes locais, facilitam os contratos agrícolas, actuando como ponte entre os agricultores e os compradores.

Capítulo 19: Previsão de preços

Previsão de preços

A previsão de preços envolve a previsão de futuros movimentos de preços de mercadorias, instrumentos financeiros ou activos. É uma ferramenta essencial utilizada por agricultores, comerciantes, investidores e decisores políticos para tomar decisões informadas, gerir riscos e otimizar as suas estratégias. A exatidão das previsões de preços pode ajudar a estabilizar os mercados, melhorar a afetação de recursos e aumentar a eficiência económica global.

Significado:

A previsão de preços refere-se ao processo de utilização de várias técnicas analíticas para prever os preços futuros de bens e serviços. Este processo envolve a análise de dados históricos, tendências de mercado, indicadores económicos e outros factores relevantes para projetar alterações de preços durante um período específico.

Importância da previsão de preços:

1. **Gestão de riscos:** Ajuda os participantes no mercado a protegerem-se contra a volatilidade dos preços e a gerirem os riscos financeiros.

2. **Tomada de decisões:** Fornece informações críticas para o planeamento da produção, estratégias de investimento e decisões de entrada ou saída do mercado.

3. **Eficiência do mercado:** Aumenta a eficiência do mercado, reduzindo a incerteza e melhorando a afetação de recursos.

4. **Formulação de políticas:** Assiste os decisores políticos na conceção de políticas agrícolas e económicas adequadas.

Métodos de previsão de preços:

1. **Análise de séries temporais:** Utiliza dados históricos de preços para identificar padrões, tendências e sazonalidade. As técnicas incluem médias móveis, suavização exponencial e modelos de média móvel integrada autoregressiva (ARIMA).

2. **Modelos econométricos:** Utiliza métodos estatísticos para analisar a relação entre os preços e vários factores económicos, tais como a oferta, a procura, os níveis de rendimento e os indicadores macroeconómicos.

3. **Análise fundamental:** Examina factores subjacentes, como os custos de produção, as condições meteorológicas, os acontecimentos geopolíticos e os fundamentos do mercado para prever os preços.

4. **Análise técnica:** Analisa gráficos de preços históricos e volumes de transacções para identificar padrões de preços, tendências e sinais de mercado.

5. **Aprendizagem automática e IA:** Utiliza algoritmos avançados e modelos computacionais para processar grandes conjuntos de dados e gerar previsões de preços exactas.

Etapas da previsão de preços:

1. **Recolha de dados:** Recolher dados históricos sobre preços, tendências de mercado, indicadores económicos e outras informações relevantes.

2. **Análise de dados:** Analisar os dados recolhidos para identificar padrões, tendências, correlações e anomalias.

3. **Seleção do modelo:** Escolher modelos de previsão adequados com base na natureza dos dados e nos objectivos específicos da previsão.

4. **Calibração de modelos:** Afinar os modelos selecionados utilizando dados históricos para melhorar a sua precisão e fiabilidade.

5. **Geração de previsões:** Gerar previsões de preços utilizando os modelos calibrados e interpretar os resultados.

6. **Validação:** Validar as previsões comparando-as com os resultados efectivos do mercado e aperfeiçoar os modelos conforme necessário.

Desafios na previsão de preços:

1. **Qualidade dos dados:** Uma previsão precisa depende de dados de alta qualidade, fiáveis e actualizados, que podem nem sempre estar disponíveis.

2. **Volatilidade do mercado:** Mudanças rápidas e imprevisíveis nas condições de mercado podem dificultar a previsão.

3. **Interações complexas:** Os preços são influenciados por uma miríade de factores, o que torna difícil captar todas as variáveis relevantes num modelo de previsão.

4. **Vieses:** Os modelos de previsão podem ser influenciados por enviesamentos nos dados ou pressupostos adoptados durante o desenvolvimento do modelo.

Aplicações da previsão de preços:

1. **Setor agrícola:** Os agricultores utilizam as previsões de preços para decidir sobre a seleção das culturas, os calendários de plantação e as estratégias de comercialização.

2. **Negociação de mercadorias:** Os operadores utilizam as previsões de preços para tomar decisões de compra ou venda, cobrir posições e gerir carteiras.

3. **Setor retalhista:** Os retalhistas utilizam as previsões de preços para planear o inventário, as estratégias de preços e as actividades promocionais.

4. **Planeamento do investimento:** Os investidores utilizam as previsões de preços para avaliar os potenciais retornos e riscos associados a diferentes oportunidades de investimento.

A previsão de preços é uma ferramenta vital na análise económica e de mercado moderna, fornecendo informações críticas a várias partes interessadas. Através da utilização de técnicas e modelos analíticos avançados, a previsão de preços ajuda a gerir os riscos, a melhorar a tomada de decisões e a aumentar a eficiência do mercado. Apesar dos seus desafios, uma previsão de preços eficaz pode contribuir significativamente para a estabilidade e o crescimento dos mercados agrícolas e financeiros, beneficiando tanto os agricultores como os comerciantes, os investidores e os decisores políticos.

Capítulo 20: Comércio internacional

Comércio internacional

O comércio internacional é a troca de bens, serviços e capitais entre países e regiões. É uma componente fundamental da economia global, permitindo às nações aceder a recursos, tecnologia e mercados para além das suas fronteiras. Através do comércio internacional, os países podem especializar-se na produção de bens e serviços em que têm uma vantagem comparativa, o que conduz a uma maior eficiência, crescimento económico e melhoria do nível de vida.

Significado:

O comércio internacional envolve a importação e exportação de bens e serviços através das fronteiras internacionais. Engloba várias actividades, incluindo a compra, venda e troca de bens e serviços, bem como a circulação de capitais e investimentos. O comércio internacional é facilitado por acordos comerciais, instituições internacionais e cadeias de abastecimento globais.

Importância do comércio internacional:

1. **Crescimento económico:** O comércio internacional impulsiona o crescimento económico através da expansão dos mercados, do aumento da produção e da criação de emprego.

2. **Afetação de recursos:** Permite aos países afetar os recursos de forma mais eficiente com base na vantagem comparativa.

3. **Benefícios para o consumidor:** Os consumidores beneficiam de uma maior variedade de bens e serviços a preços competitivos.

4. **Inovação e transferência de tecnologia:** O comércio promove a inovação e a transferência de tecnologia e de conhecimentos entre países.

5. **Cooperação global:** Promove a cooperação internacional e

reforça os laços políticos e económicos entre as nações.

Teorias do comércio internacional:

1. **Vantagem Absoluta:** Proposta por Adam Smith, esta teoria afirma que os países devem produzir e exportar bens em que têm uma vantagem absoluta em termos de produtividade.

2. **Vantagem comparativa:** A teoria de David Ricardo salienta que os países devem especializar-se na produção e exportação de bens em que têm uma vantagem comparativa, mesmo que não tenham uma vantagem absoluta.

3. **Teoria de Heckscher-Ohlin:** Esta teoria sugere que os países exportam bens que utilizam os seus factores de produção abundantes e importam bens que requerem factores relativamente escassos.

4. **Nova teoria do comércio:** Centra-se nas economias de escala e nos efeitos de rede, sugerindo que os países podem desenvolver uma vantagem competitiva através da produção e da inovação em grande escala.

Tipos de comércio internacional:

1. **Comércio bilateral:** Comércio entre dois países, regido por acordos e tratados comerciais.

2. **Comércio multilateral:** Comércio que envolve vários países, frequentemente facilitado por organizações internacionais como a Organização Mundial do Comércio (OMC).

3. **Comércio Intra-Industrial:** Troca de produtos semelhantes dentro do mesmo sector entre países.

4. **Comércio inter-industrial:** Comércio entre países que envolve diferentes indústrias, como a troca de produtos agrícolas por produtos manufacturados.

Factores que influenciam o comércio internacional:

1. **Factores económicos:** Incluindo os custos de produção, a disponibilidade de recursos e a estabilidade económica.

2. **Factores políticos:** Políticas comerciais, tarifas, quotas e relações políticas entre países.

3. **Factores tecnológicos:** Inovações na produção, transporte e comunicação.

4. **Factores culturais:** Língua, costumes e preferências dos consumidores.

5. **Factores geográficos:** Proximidade dos mercados, recursos naturais e infra-estruturas de transporte.

Barreiras comerciais:

1. **Tarifas:** Impostos aplicados aos bens importados, tornando-os mais caros.

2. **Quotas:** Limites à quantidade de bens que podem ser importados ou exportados.

3. **Subsídios:** Apoio financeiro concedido pelos governos às indústrias nacionais para as tornar mais competitivas.

4. **Barreiras não pautais:** Medidas regulamentares, tais como normas de qualidade, regulamentos de segurança e requisitos de licenciamento que restringem o comércio.

Benefícios do comércio internacional:

1. **Aumento da eficiência:** Os países podem especializar-se na produção de bens e serviços onde têm uma vantagem comparativa, o que conduz a uma afetação de recursos mais eficiente.

2. **Crescimento económico:** O acesso a mercados maiores estimula o crescimento económico, o investimento e a inovação.

3. **Escolha do consumidor:** Os consumidores têm acesso a uma maior variedade de bens e serviços a preços mais baixos.

4. **Criação de emprego:** O comércio cria empregos nos sectores envolvidos na produção, distribuição e venda de bens e serviços.

Desafios do comércio internacional:

1. **Desequilíbrios comerciais:** A persistência de défices ou excedentes comerciais pode conduzir à instabilidade económica e a tensões políticas.

2. **Dependência:** A dependência excessiva dos mercados internacionais pode tornar os países vulneráveis às flutuações económicas globais.

3. **Protecionismo:** Os países podem adotar medidas proteccionistas para proteger as indústrias nacionais, dando origem a litígios comerciais.

4. **Impacto ambiental:** O aumento da produção e do transporte pode ter consequências ambientais negativas.

O comércio internacional é uma pedra angular da economia global, promovendo o crescimento económico, a inovação e a cooperação entre as nações. Embora ofereça inúmeros benefícios, também apresenta desafios que têm de ser geridos através de políticas eficazes e da cooperação internacional. Compreender a dinâmica do comércio internacional é essencial para que as empresas, os decisores políticos e as partes interessadas possam navegar pelas complexidades do mercado global e aproveitar o seu potencial para o desenvolvimento sustentável.

Capítulo 21: Comércio inter-regional

Comércio inter-regional

O comércio inter-regional refere-se à troca de bens, serviços e capitais entre diferentes regiões de um mesmo país ou união económica. Desempenha um papel crucial no desenvolvimento económico, facilitando a afetação de recursos, melhorando a eficiência do mercado e promovendo a especialização regional. A compreensão da dinâmica do comércio inter-regional ajuda a conceber políticas que promovam um crescimento económico equilibrado e a integração regional.

Significado:

O comércio inter-regional envolve a circulação de bens, serviços e recursos entre diferentes áreas geográficas de um país. Ao contrário do comércio internacional, que ocorre para além das fronteiras nacionais, o comércio inter-regional opera dentro dos limites da economia de uma única nação, centrando-se nas interações económicas entre as suas várias regiões.

Importância do comércio inter-regional:

1. **Integração económica:** Aumenta a coesão económica e a integração dentro de um país, reduzindo as disparidades regionais.

2. **Afetação de recursos:** Promove a afetação eficiente dos recursos, permitindo que as regiões se especializem na produção de bens e serviços em que têm uma vantagem comparativa.

3. **Expansão do mercado:** Expande os mercados para os produtores regionais, permitindo-lhes obter economias de escala e melhorar a competitividade.

4. **Desenvolvimento equilibrado:** Apoia o desenvolvimento

regional equilibrado, distribuindo as actividades e oportunidades económicas de forma mais equilibrada pelas diferentes áreas.

5. **Inovação e transferência de conhecimentos:** Facilita a difusão da inovação, da tecnologia e do conhecimento entre regiões, impulsionando o crescimento económico global.

Factores que influenciam o comércio inter-regional:

1. **Factores geográficos:** A proximidade, as infra-estruturas de transporte e a distribuição dos recursos naturais têm um impacto significativo no comércio entre regiões.

2. **Factores económicos:** As diferenças nas estruturas económicas regionais, as capacidades de produção e as vantagens em termos de custos influenciam os padrões comerciais.

3. **Factores políticos e administrativos:** As políticas regionais, a regulamentação e a governação podem facilitar ou dificultar o comércio inter-regional.

4. **Factores culturais e sociais:** A língua, a cultura e as redes sociais partilhadas podem promover interações comerciais entre regiões.

5. **Factores tecnológicos:** Os avanços nas tecnologias de transporte e comunicação reduzem os custos e as barreiras associadas ao comércio inter-regional.

Tipos de comércio inter-regional:

1. **Comércio inter-industrial:** envolve a troca de diferentes tipos de bens e serviços entre regiões, tais como produtos agrícolas de uma região que são trocados por produtos manufacturados de outra.

2. **Comércio intra-industrial:** Envolve a troca de produtos semelhantes dentro da mesma indústria entre regiões, como

o comércio de diferentes tipos de automóveis ou eletrónica.

Benefícios do comércio inter-regional:

1. **Crescimento económico:** Estimula as economias regionais, proporcionando acesso a mercados maiores e incentivando o investimento.

2. **Oportunidades de emprego:** Cria postos de trabalho e reduz as disparidades regionais em matéria de desemprego, fomentando as actividades económicas em várias regiões.

3. **Distribuição do rendimento:** Promove uma distribuição mais equitativa do rendimento entre as regiões, contribuindo para a estabilidade e coesão social.

4. **Escolha do consumidor:** Aumenta a gama de bens e serviços disponíveis para os consumidores em diferentes regiões, melhorando a sua qualidade de vida.

5. **Desenvolvimento de infra-estruturas:** Incentiva o desenvolvimento de infra-estruturas de transporte, comunicação e logística para apoiar as actividades comerciais.

Desafios do comércio inter-regional:

1. **Disparidades nas infra-estruturas:** O desenvolvimento desigual das infra-estruturas de transporte e logística pode criar desequilíbrios comerciais e dificultar a circulação de bens e serviços.

2. **Barreiras regulamentares:** As variações na regulamentação regional, nos impostos e nos procedimentos administrativos podem impedir os fluxos comerciais e aumentar os custos de transação.

3. **Disparidades económicas:** As diferenças no desenvolvimento económico e nas capacidades industriais entre regiões podem conduzir a desequilíbrios nos benefícios comerciais.

4. **Factores políticos e sociais:** As tensões políticas regionais,

os conflitos sociais e as diferenças culturais podem perturbar as interações e a cooperação comerciais.

Estratégias para promover o comércio inter-regional:

1. **Investimento em infra-estruturas:** Desenvolvimento e modernização das infra-estruturas de transportes, comunicações e logística para facilitar a circulação eficiente de bens e serviços.

2. **Harmonização de regulamentos:** Normalização das políticas, regulamentos e procedimentos administrativos regionais para reduzir os obstáculos ao comércio e os custos de transação.

3. **Diversificação económica:** Incentivar a especialização e a diversificação regional para aumentar as capacidades de produção e o potencial comercial das diferentes áreas.

4. **Cooperação regional:** Promover a cooperação e as parcerias regionais para enfrentar os desafios comuns e aproveitar as oportunidades partilhadas.

5. **Adoção de tecnologias:** Utilização de tecnologias avançadas nos transportes, comunicações e logística para melhorar a eficiência e a conetividade do comércio.

O comércio inter-regional é um aspeto vital do quadro económico de uma nação, promovendo a especialização regional, a integração do mercado e o desenvolvimento equilibrado. Ao compreender e abordar os factores que influenciam o comércio inter-regional, os decisores políticos e as partes interessadas podem reforçar a coesão económica e garantir um crescimento equitativo em todas as regiões. O investimento em infra-estruturas, a harmonização da regulamentação, a promoção da cooperação regional e o aproveitamento da tecnologia são estratégias essenciais para maximizar os benefícios do comércio inter-regional e impulsionar o desenvolvimento económico sustentável.

Diferenças entre comércio internacional e inter-regional

Tanto o comércio internacional como o comércio inter-regional envolvem a troca de bens, serviços e capitais, mas operam a níveis geográficos diferentes e são influenciados por factores distintos. Compreender as diferenças entre estes dois tipos de comércio é crucial para os decisores políticos, as empresas e os economistas optimizarem as políticas e estratégias comerciais.

Principais diferenças

1. **Âmbito geográfico:**

   o **Comércio internacional:** envolve o comércio entre diferentes países do mundo. Ultrapassa as fronteiras nacionais e envolve diversos sistemas económicos, políticos e jurídicos.

   o **Comércio inter-regional:** Ocorre dentro de um único país ou união económica, entre diferentes regiões ou estados. Funciona dentro das mesmas fronteiras nacionais e está sujeito ao mesmo sistema jurídico e político.

2. **Regulamentos e barreiras:**

   o **Comércio internacional:** regido por leis, tratados e acordos internacionais. Enfrenta frequentemente tarifas, quotas, restrições à importação/exportação e normas regulamentares variáveis. Os procedimentos aduaneiros e as barreiras comerciais podem afetar significativamente o fluxo de bens e serviços.

   o **Comércio inter-regional:** Normalmente enfrenta menos barreiras regulamentares, uma vez que as regiões de um país seguem geralmente as mesmas leis e políticas nacionais. Não existem tarifas ou direitos aduaneiros, mas podem existir diferenças nas regulamentações ou impostos locais.

3. **Moeda:**

   o **Comércio internacional:** envolve várias moedas, o que leva a um risco cambial e à necessidade de conversão de moeda. As flutuações das taxas de câmbio podem afetar os preços comerciais e a rentabilidade.

   o **Comércio inter-regional:** Realizado na mesma moeda nacional, eliminando as complexidades da conversão de moedas e o risco cambial.

4. **Políticas económicas:**

   o **Comércio internacional:** influenciado por políticas comerciais nacionais, acordos comerciais internacionais e condições económicas globais. Os países podem implementar políticas comerciais para proteger as indústrias nacionais, promover as exportações ou regular as importações.

   o **Comércio inter-regional:** influenciado pelas políticas económicas nacionais e pelas estratégias de desenvolvimento regional. As políticas regionais podem ter como objetivo promover um crescimento económico equilibrado, reduzir as disparidades regionais e incentivar as indústrias locais.

5. **Transportes e logística:**

   o **Comércio internacional:** Requer transporte de longa distância, muitas vezes envolvendo vários modos de transporte (por exemplo, marítimo, aéreo, terrestre). O transporte internacional, a logística e a gestão da cadeia de abastecimento são mais complexos devido ao envolvimento de vários países.

   o **Comércio inter-regional:** geralmente envolve distâncias mais curtas e uma logística mais simples dentro do mesmo país. As infra-estruturas de transporte, tais como estradas, caminhos-de-ferro e redes de transporte marítimo nacional, desempenham um papel crucial.

6. **Factores culturais e sociais:**
   - **Comércio internacional:** envolve diversas culturas, línguas e práticas sociais. As empresas têm de lidar com as diferenças culturais, as barreiras linguísticas e as diferentes preferências dos consumidores.
   - **Comércio inter-regional:** Embora possam existir diferenças culturais e sociais entre regiões, estas são normalmente menos pronunciadas do que as existentes entre países diferentes. A identidade nacional, a língua e as práticas sociais comuns facilitam o comércio.

7. **Quadro jurídico e institucional:**
   - **Comércio internacional:** Sujeito à legislação comercial internacional, acordos (como as regras da OMC) e instituições que regem as relações comerciais e a resolução de litígios. As complexidades jurídicas e os requisitos de conformidade podem ser significativos.
   - **Comércio inter-regional:** regido pelo mesmo quadro jurídico e institucional nacional, simplificando os processos comerciais. Os mecanismos de resolução de litígios são normalmente mais simples e menos onerosos.

8. **Dinâmica do mercado:**
   - **Comércio internacional:** Afetado pela dinâmica do mercado global, incluindo a concorrência internacional, a oferta e a procura globais, os acontecimentos geopolíticos e as tendências económicas. As condições do mercado global podem influenciar os preços, a disponibilidade e os volumes de comércio.
   - **Comércio inter-regional:** influenciado pela dinâmica dos mercados nacionais e regionais. A oferta e a procura regionais, a concorrência local e as políticas económicas nacionais são factores-chave.

Embora o comércio internacional e o comércio inter-regional partilhem semelhanças na troca fundamental de bens e serviços, diferem significativamente em termos de âmbito, regulamentação, considerações monetárias, políticas económicas, logística de transportes, factores culturais e quadros jurídicos. Reconhecer estas diferenças é essencial para desenvolver estratégias comerciais eficazes, otimizar a atribuição de recursos e promover o crescimento económico sustentável, tanto a nível nacional como internacional. Compreender os desafios e oportunidades únicos apresentados por cada tipo de comércio ajuda as empresas e os decisores políticos a navegar nas complexidades dos mercados globais e regionais.

Capítulo 22: Comércio livre vs. protecionismo

Comércio livre vs. protecionismo

O comércio livre e o protecionismo representam duas políticas económicas opostas em relação ao comércio internacional. O comércio livre defende restrições mínimas à troca de bens e serviços entre países, enquanto o protecionismo apoia medidas para proteger as indústrias nacionais da concorrência estrangeira. Compreender as vantagens e desvantagens de cada abordagem ajuda os decisores políticos a equilibrar o crescimento económico, os interesses nacionais e a cooperação global.

Comércio livre

Significado: O comércio livre é a política que permite a circulação de bens e serviços através das fronteiras internacionais com pouca ou nenhuma interferência governamental. Envolve a eliminação de tarifas, quotas e outras barreiras comerciais para criar um mercado global aberto e competitivo.

Vantagens do comércio livre:

1. **Eficiência económica:** Incentiva os países a especializarem-se na produção de bens e serviços em que têm uma vantagem comparativa, o que conduz a uma afetação de recursos mais eficiente e a uma maior produtividade global.

2. **Benefícios para o consumidor:** Aumenta a variedade de bens e serviços disponíveis para os consumidores, muitas vezes a preços mais baixos devido ao aumento da concorrência.

3. **Crescimento económico:** Promove o crescimento económico através da expansão dos mercados, do incentivo ao investimento e da promoção da inovação.

4. **Cooperação global:** Reforça as relações internacionais e a cooperação económica, reduzindo a probabilidade de conflitos e promovendo a estabilidade global.

5. **Inovação e transferência de tecnologia:** Facilita a difusão de

novas tecnologias e ideias, contribuindo para o avanço tecnológico e a inovação.

Desvantagens do comércio livre:

1. **Vulnerabilidade da indústria nacional:** Pode levar ao declínio das indústrias nacionais incapazes de competir com produtores estrangeiros mais eficientes, resultando em perdas de emprego e perturbações económicas.

2. **Desequilíbrios comerciais:** Podem exacerbar os défices comerciais, quando um país importa mais do que exporta, conduzindo potencialmente à instabilidade económica.

3. **Desigualdade de rendimentos:** Os benefícios do comércio livre nem sempre são distribuídos de forma homogénea, aumentando potencialmente a desigualdade de rendimentos nos países.

4. **Perda de soberania:** Os países podem sentir-se pressionados a conformar-se às normas e acordos comerciais internacionais, comprometendo potencialmente a soberania nacional e a autonomia política.

5. **Preocupações ambientais:** O aumento da produção e do transporte pode levar à degradação do ambiente e contribuir para as alterações climáticas.

Protecionismo

Significado: O protecionismo é a política de restrição do comércio internacional para proteger as indústrias nacionais da concorrência estrangeira. Envolve a implementação de tarifas, quotas, subsídios e outras medidas para tornar os bens importados menos competitivos em comparação com os produzidos localmente.

Vantagens do protecionismo:

1. **Proteção da indústria nacional:** Protege as indústrias nacionais da concorrência estrangeira, permitindo-lhes crescer e desenvolver-se, preservando assim o emprego e promovendo a estabilidade económica.

2. **Segurança nacional:** Assegura a disponibilidade de bens e serviços essenciais, protegendo as indústrias críticas da dependência estrangeira.

3. **Geração de receitas:** Os direitos aduaneiros e os direitos sobre as importações podem gerar receitas significativas para o governo.

4. **Apoio à indústria nascente:** Ajuda as indústrias emergentes a desenvolverem-se, proporcionando proteção temporária contra concorrentes estrangeiros estabelecidos.

5. **Melhoria da balança comercial:** Reduz as importações, ajudando a melhorar as balanças comerciais e a reduzir os défices.

Desvantagens do protecionismo:

1. **Preços mais elevados para os consumidores:** As restrições às importações conduzem frequentemente a um aumento dos preços dos bens e serviços, reduzindo o bem-estar dos consumidores.

2. **Retaliação e guerras comerciais:** Outros países podem retaliar com as suas próprias barreiras comerciais, conduzindo a guerras comerciais que podem prejudicar a estabilidade económica global.

3. **Redução da eficiência:** Limita os benefícios da especialização e da vantagem comparativa, conduzindo a uma afetação menos eficiente dos recursos e a custos de produção mais elevados.

4. **Sufocação da inovação:** Reduz a pressão competitiva sobre as indústrias nacionais, podendo levar à complacência e à falta de inovação.

5. **Impacto económico global:** Pode perturbar as cadeias de abastecimento mundiais, reduzir a cooperação internacional e abrandar o crescimento económico global.

Análise comparativa:

1. **Crescimento económico:**

   - o **Comércio livre:** geralmente promove um maior crescimento económico através da expansão do mercado e do aumento do investimento.

   - o **Protecionismo:** Pode proteger a estabilidade económica a curto prazo, mas pode prejudicar o crescimento a longo prazo ao limitar as oportunidades e a eficiência do mercado.

2. **Impacto no consumidor:**

   - o **Comércio livre:** beneficia os consumidores com preços mais baixos e maior variedade.

   - o **Protecionismo:** Protege o emprego nacional, mas muitas vezes à custa de preços mais elevados e de uma menor variedade para os consumidores.

3. **Desenvolvimento industrial:**

   - o **Comércio livre:** incentiva o desenvolvimento de indústrias competitivas, mas pode prejudicar as não competitivas.

   - o **Protecionismo:** Apoia as indústrias nascentes, mas pode conduzir à ineficiência e à falta de competitividade a longo prazo.

4. **Distribuição do rendimento:**

   - o **Comércio livre:** Pode aumentar a desigualdade de rendimentos se os ganhos não forem distribuídos de forma homogénea.

   - o **Protecionismo:** Visa proteger os empregos locais, mas pode não abordar questões mais amplas de desigualdade de rendimentos.

5. **Relações globais:**

   - o **Comércio livre:** Promove a cooperação internacional e reduz o potencial de conflito.

o **Protecionismo:** Pode conduzir a tensões internacionais e litígios comerciais.

O debate entre comércio livre e protecionismo reflecte o equilíbrio entre a maximização da eficiência económica e a proteção dos interesses nacionais. O comércio livre oferece benefícios significativos em termos de crescimento económico, escolha do consumidor e cooperação global, mas pode conduzir a vulnerabilidades nas indústrias nacionais e à desigualdade de rendimentos. O protecionismo proporciona segurança e estabilidade às indústrias e aos trabalhadores nacionais, mas resulta frequentemente em custos mais elevados e numa menor eficiência económica. Os decisores políticos devem considerar cuidadosamente estes compromissos e esforçar-se por adotar políticas que equilibrem as vantagens dos mercados abertos com a necessidade de proteger e apoiar as economias nacionais. As políticas comerciais eficazes implicam frequentemente uma combinação de ambas as abordagens, adaptadas ao contexto económico e social específico de cada país.

Capítulo 23: O Acordo Geral sobre Pautas Aduaneiras e Comércio (GATT)

O Acordo Geral sobre Pautas Aduaneiras e Comércio (GATT)

O Acordo Geral sobre Pautas Aduaneiras e Comércio (GATT) era um acordo multilateral que tinha por objetivo promover o comércio internacional através da redução dos entraves ao comércio e proporcionar uma plataforma para a negociação de acordos comerciais. Criado em 1948, o GATT desempenhou um papel fundamental no desenvolvimento do sistema comercial global até ser substituído pela Organização Mundial do Comércio (OMC) em 1995.

História e antecedentes:

Origens:

- **Contexto pós-Segunda Guerra Mundial:** O GATT foi criado no rescaldo da Segunda Guerra Mundial, um período marcado por esforços para reconstruir a economia mundial e evitar as políticas proteccionistas que contribuíram para a Grande Depressão e a guerra.

- **Conferência de Bretton Woods:** Juntamente com a criação de instituições como o Fundo Monetário Internacional (FMI) e o Banco Mundial, o GATT foi concebido como parte dos esforços da Conferência de Bretton Woods para promover a estabilidade económica e o crescimento através da cooperação internacional.

Formação:

- **Conferência de Genebra:** O GATT foi assinado em 30 de outubro de 1947 por 23 países na Conferência de Genebra e entrou em vigor em 1 de janeiro de 1948.

- **Acordo Provisório:** Inicialmente concebido como uma medida temporária enquanto se aguardava a criação de uma Organização Internacional do Comércio (OIM) mais abrangente, o GATT tornou-se a organização comercial global de facto depois de a OIM não se ter concretizado.

Objectivos e princípios:

Objectivos primários:

1. **Liberalização do comércio:** Reduzir os direitos aduaneiros e outras barreiras comerciais para facilitar o livre fluxo de bens e serviços entre países.

2. **Não-discriminação:** Assegurar a igualdade de condições comerciais para todos os países membros, principalmente através do princípio da nação mais favorecida (NMF).

3. **Transparência:** Promover políticas e práticas comerciais transparentes entre os países membros.

4. **Resolução de litígios:** Proporcionar mecanismos para a resolução de litígios comerciais entre os países membros.

Princípios fundamentais:

1. **Cláusula da Nação Mais Favorecida (NMF):** Requer que quaisquer condições comerciais favoráveis oferecidas a um membro sejam alargadas a todos os outros membros, garantindo a não discriminação.

2. **Tratamento nacional:** Determina que os bens estrangeiros, uma vez entrados num mercado, não devem ser tratados de forma menos favorável do que os bens produzidos internamente no que respeita a impostos e regulamentos internos.

3. **Reciprocidade:** Incentiva concessões mútuas em reduções pautais e negociações comerciais, promovendo relações comerciais equilibradas.

4. **Transparência:** Exige que os membros publiquem os seus regulamentos e práticas comerciais, aumentando a previsibilidade e a equidade no comércio internacional.

Rondas de negociação:

A história do GATT é marcada por uma série de rondas de negociações, cada uma com o objetivo de reduzir ainda mais os entraves ao comércio e abordar novas questões comerciais:

1. **Ronda de Genebra (1947):** A ronda inaugural resultou em 45.000 concessões pautais que afectam 10 mil milhões de dólares em trocas comerciais.

2. **Ronda de Annecy (1949):** Participaram 13 países, centrados em novas reduções pautais.

3. **Ronda de Torquay (1950-1951):** Conduziu a concessões pautais adicionais que abrangem 8.700 artigos.

4. **Ronda de Genebra (1956):** Produziu 2,5 mil milhões de dólares em reduções pautais.

5. **Ronda de Dillon (1960-1962):** Abordou as reduções pautais e o ajustamento das regras do comércio agrícola.

6. **Ronda Kennedy (1964-1967):** Conseguiu reduções pautais significativas e introduziu medidas anti-dumping.

7. **Ronda de Tóquio (1973-1979):** Alargou o âmbito de aplicação para incluir barreiras não pautais e deu origem a um conjunto abrangente de acordos comerciais.

8. **Ronda do Uruguai (1986-1994):** A ronda mais ambiciosa, que conduziu à criação da OMC e abordou questões como os serviços, a propriedade intelectual e as medidas de investimento relacionadas com o comércio.

Realizações e impacto:

Liberalização do comércio:

- **Reduções pautais:** As rondas de negociação do GATT resultaram em reduções substanciais dos direitos aduaneiros, facilitando um aumento significativo do volume do comércio mundial.

- **Expansão do número de membros:** Começando com 23

países, o GATT cresceu e passou a incluir mais de 100 países membros, representando uma grande parte do comércio mundial.

Desenvolvimento institucional:

- **Criação da OMC:** O Uruguay Round culminou com a criação da OMC, que se baseou nos fundamentos do GATT, mas com um mandato mais alargado e uma estrutura institucional mais forte.

Crescimento económico:

- **Integração económica mundial:** Os esforços do GATT contribuíram para a integração das economias mundiais, promovendo o crescimento económico, o desenvolvimento e o aumento do nível de vida em todo o mundo.

Desafios e críticas:

Âmbito de aplicação limitado:

- **Agricultura e serviços:** O GATT centrou-se inicialmente nos produtos industriais, com uma cobertura limitada dos produtos agrícolas e dos serviços, o que colocou desafios à liberalização global do comércio.

Resolução de litígios:

- **Fraca aplicação:** O mecanismo de resolução de litígios do GATT carecia de fortes poderes de aplicação, o que conduziu frequentemente a litígios comerciais não resolvidos e a um cumprimento limitado.

Países em desenvolvimento:

- **Desequilíbrios:** Os críticos argumentam que as negociações do GATT foram frequentemente dominadas pelos países desenvolvidos, o que levou a desequilíbrios nos benefícios comerciais e a uma consideração limitada dos interesses dos países em desenvolvimento.

Transição para a OMC:

Formação da OMC:

- **Resultados do Uruguay Round:** A conclusão das negociações do Uruguay Round levou à criação da OMC em 1 de janeiro de 1995. A OMC incorporou os princípios e acordos do GATT, mas alargou o seu âmbito de aplicação aos serviços, à propriedade intelectual e a um mecanismo de resolução de litígios mais sólido.

Continuação da relevância:

- **GATT 1994:** Os acordos originais do GATT continuam a existir no âmbito da OMC como GATT 1994, constituindo o núcleo das regras comerciais da OMC para mercadorias.

Conclusão:

O Acordo Geral sobre Pautas Aduaneiras e Comércio (GATT) desempenhou um papel fundamental na definição do sistema comercial global pós-Segunda Guerra Mundial, promovendo a liberalização do comércio e preparando o terreno para a criação da OMC. Os seus princípios de não-discriminação, transparência e reciprocidade continuam a influenciar as políticas comerciais internacionais. Embora o GATT tenha enfrentado desafios e críticas, o seu legado de promoção da cooperação económica e do desenvolvimento a nível mundial continua a ser significativo. A transição para a OMC baseou-se nas realizações do GATT, criando um quadro mais abrangente e estruturado para o comércio internacional no século XXI.

Capítulo 24: Acordo sobre a agricultura (AO)

Acordo sobre a agricultura (AoA)

O Acordo sobre a Agricultura (AoA) é um tratado estabelecido no âmbito da Organização Mundial do Comércio (OMC) que visa reformar o comércio internacional no sector agrícola e torná-lo mais orientado para o mercado. Foi um dos principais acordos resultantes das negociações do Uruguay Round do GATT (19861994), que culminou com a criação da OMC em 1995. O AO tem por objetivo melhorar o comércio agrícola através da redução dos subsídios e dos entraves ao comércio, promovendo assim a concorrência leal e melhorando o acesso ao mercado.

Objectivos da AO:

1. **Acesso ao mercado:** Reduzir as barreiras pautais e as restrições à importação para permitir uma circulação mais livre dos produtos agrícolas entre países.

2. **Apoio interno:** Limitar os subsídios nacionais e os mecanismos de apoio que distorcem o comércio e dão vantagens injustas aos produtores nacionais.

3. **Subsídios à exportação:** Reduzir e, eventualmente, eliminar os subsídios à exportação que conduzem a uma concorrência desleal nos mercados internacionais.

Pilares fundamentais da Agenda de Ação:

O Acordo sobre a Agricultura assenta em três pilares principais:

1. **Acesso ao mercado:**

   o **Tarifação:** O processo de conversão de barreiras não pautais (como os contingentes) em direitos aduaneiros para criar políticas comerciais mais transparentes e previsíveis.

   o **Compromissos de redução dos direitos aduaneiros:** Os países membros concordaram em reduzir os seus direitos aduaneiros sobre os produtos agrícolas numa média de 36% em seis anos para os países desenvolvidos e de 24% em dez anos para os países em desenvolvimento.

- o **Mecanismo Especial de Salvaguarda:** Permite aos países aumentar temporariamente os direitos aduaneiros em resposta a aumentos das importações ou a descidas de preços.

2. **Apoio doméstico:**

- o **Amber Box:** Refere-se aos subsídios internos que se considera distorcerem a produção e o comércio. Estes estão sujeitos a compromissos de redução.

- o **Caixa Azul:** Contém subsídios que são limitadores da produção, destinados a reduzir a sobreprodução e que, por conseguinte, estão isentos dos compromissos de redução.

- o **Caixa Verde:** Inclui subsídios que causam uma distorção mínima do comércio, tais como programas ambientais e apoio direto ao rendimento dos agricultores, que não estão sujeitos a compromissos de redução.

3. **Subsídios à exportação:**

- o **Compromissos de redução:** Os países desenvolvidos concordaram em reduzir o valor dos subsídios à exportação em 36% e o volume das exportações subsidiadas em 21% num período de seis anos. Para os países em desenvolvimento, as reduções foram de 24% e 14%, respetivamente, num período de dez anos.

- o **Proibição de novas subvenções:** A introdução de novas subvenções à exportação foi proibida para os produtos relativamente aos quais foram assumidos compromissos.

Tratamento especial e diferenciado:

- **Países em desenvolvimento:** O AoA reconhece a necessidade de flexibilidade para os países em desenvolvimento. Os países em desenvolvimento dispõem de prazos mais alargados para implementar os compromissos e têm maior flexibilidade nos seus compromissos de redução.

- **Países menos desenvolvidos (PMD):** Os PMD estão isentos de compromissos de redução para apoiar as suas necessidades de desenvolvimento económico e de segurança alimentar.

Impacto do AO:

Impactos positivos:

- **Aumento da transparência:** O AO aumentou a transparência das políticas comerciais agrícolas ao exigir que os países notifiquem as suas medidas pautais e de subvenções à OMC.

- **Reformas orientadas para o mercado:** Incentivou os países a adoptarem políticas agrícolas mais orientadas para o mercado, promovendo a eficiência e a competitividade.

- **Liberalização do comércio:** Facilitou um maior acesso dos produtos agrícolas aos mercados mundiais, beneficiando tanto os exportadores como os consumidores.

Desafios e críticas:

- **Benefícios desiguais:** Os críticos argumentam que os benefícios do AoA têm sido desiguais, com os países desenvolvidos a beneficiarem mais do que os países em desenvolvimento.

- **Protecionismo continuado:** Apesar dos compromissos assumidos, muitos países continuam a proteger os seus sectores agrícolas através de vários meios, incluindo barreiras não pautais e subsídios com novo rótulo.

- **Preocupações com a segurança alimentar:** Alguns países

em desenvolvimento estão preocupados com o facto de a redução dos subsídios e dos direitos aduaneiros poder comprometer a sua segurança alimentar e os seus meios de subsistência rurais.

Negociações e reformas em curso:

Ronda de Desenvolvimento de Doha:

- **Negociações agrícolas:** A Ronda de Desenvolvimento de Doha, lançada em 2001, inclui uma tónica significativa na continuação da reforma do comércio agrícola, com ênfase na resposta às necessidades e preocupações dos países em desenvolvimento.

- **Questões fundamentais:** As negociações em curso têm como objetivo conseguir cortes mais profundos nos direitos aduaneiros, reduções substanciais nos apoios internos que distorcem o comércio e a eliminação dos subsídios à exportação.

Desenvolvimentos recentes:

- **Pacote de Nairobi:** Na Conferência Ministerial da OMC em Nairobi, em 2015, os membros concordaram em eliminar os subsídios à exportação de produtos agrícolas, marcando um passo significativo para um comércio agrícola mais equitativo.

O Acordo sobre a Agricultura (AoA) representa um esforço histórico para reformar o comércio agrícola mundial, reduzindo os subsídios e os entraves ao comércio, promovendo a concorrência leal e melhorando o acesso ao mercado. Embora tenha alcançado progressos significativos no sentido de tornar o comércio agrícola mais transparente e orientado para o mercado, subsistem desafios, nomeadamente no que respeita à distribuição equitativa dos benefícios e à proteção da segurança alimentar nos países em desenvolvimento. As negociações e reformas em curso no âmbito da OMC visam dar resposta a estes desafios e liberalizar ainda mais o comércio agrícola, contribuindo para o desenvolvimento económico mundial e a segurança alimentar.

Capítulo 25: Acesso ao mercado

Acesso ao mercado

O acesso ao mercado refere-se às condições, taxas pautais e medidas não pautais aplicáveis aos bens, serviços e investimentos que entram num país. No contexto do comércio internacional, o acesso ao mercado é um aspeto fundamental, uma vez que determina a facilidade com que os bens e serviços podem entrar nos mercados estrangeiros. A melhoria do acesso ao mercado é um objetivo fundamental dos acordos comerciais, incluindo os celebrados no âmbito da Organização Mundial do Comércio (OMC).

Importância do acesso ao mercado:

1. **Crescimento económico:** Ao melhorar o acesso ao mercado, os países podem aumentar as suas exportações, o que, por sua vez, estimula o crescimento económico e o desenvolvimento.

2. **Benefícios para o consumidor:** Um melhor acesso ao mercado permite aos consumidores usufruir de uma maior variedade de bens e serviços, muitas vezes a preços mais baixos devido a uma maior concorrência.

3. **Eficiência e inovação:** A exposição à concorrência internacional leva as indústrias nacionais a tornarem-se mais eficientes e inovadoras.

4. **Integração do comércio mundial:** Facilita a integração das economias no sistema comercial mundial, promovendo a cooperação e a interdependência.

Componentes do acesso ao mercado:

1. **Tarifas:**

    - **Direitos aduaneiros:** Impostos aplicados às importações, que podem ser ad valorem (percentagem do valor) ou específicos (montante fixo por unidade). o

Reduções pautais: Os acordos comerciais implicam frequentemente compromissos de redução dos direitos aduaneiros, tornando os bens importados mais baratos e mais competitivos.

2. **Barreiras não pautais (BNT):**

   o **Quotas:** Limites à quantidade de bens que podem ser importados.

   o **Licenciamento de importação:** Requisitos para obter autorização para importar determinados bens.

   o **Normas e regulamentos:** Normas de saúde, segurança e técnicas que as importações devem cumprir.

   o **Subsídios e medidas de compensação:** Assistência financeira às indústrias nacionais que pode afetar a competitividade das importações.

3. **Facilitação do comércio:**

   o **Procedimentos aduaneiros:** Racionalização e simplificação dos procedimentos aduaneiros para reduzir os atrasos e os custos.

   o **Melhoria das infra-estruturas:** Melhoria dos portos, da logística e das redes de transporte para facilitar o comércio.

Acesso ao mercado na OMC:

A OMC tem por objetivo melhorar o acesso ao mercado de bens e serviços através de vários acordos e negociações. Os principais acordos relacionados com o acesso ao mercado incluem:

1. **Acordo Geral sobre Pautas Aduaneiras e Comércio (GATT):**

   o **Tarifação:** Conversão de barreiras não pautais em direitos aduaneiros, tornando as políticas comerciais mais transparentes.

   o **Vinculações pautais:** Compromissos assumidos pelos países no sentido de não aumentarem os direitos aduaneiros acima de um determinado nível.

2. **Acordo Geral sobre o Comércio de Serviços (GATS):**

   o **Compromissos de acesso ao mercado:** Compromissos vinculativos sobre o acesso aos mercados de serviços, incluindo limitações ao número de prestadores de serviços, valor das transacções e participação de capital estrangeiro.

3. **Acordo sobre a Agricultura (AO):**

   o **Pilar do acesso ao mercado:** Centra-se na redução dos direitos aduaneiros e das barreiras não pautais no sector agrícola.

4. **Acordo de Facilitação do Comércio (AFC):**

   o **Simplificação dos procedimentos:** Tem por objetivo acelerar a circulação, a autorização de saída e o desalfandegamento das mercadorias, incluindo as mercadorias em trânsito.

   o **Transparência e eficiência:** Aumenta a transparência dos procedimentos aduaneiros e reduz os custos de transação.

Desafios e obstáculos ao acesso ao mercado:

1. **Protecionismo:** Apesar dos compromissos, os países podem adotar medidas proteccionistas, tais como tarifas elevadas, quotas e normas rigorosas para proteger as indústrias nacionais.

2. **Medidas não pautais:** O recurso crescente a medidas não pautais, como as normas sanitárias e fitossanitárias e os obstáculos técnicos ao comércio, pode restringir o acesso ao mercado.

3. **Remédios comerciais:** A utilização de direitos anti-dumping, de compensação e de medidas de salvaguarda pode limitar o acesso dos produtos estrangeiros ao mercado.

4. **Diferenças regulamentares:** As variações na regulamentação e nas normas entre países podem criar obstáculos aos exportadores.

Melhorar o acesso ao mercado:

1. **Negociações comerciais:** As negociações comerciais bilaterais, regionais e multilaterais têm por objetivo reduzir os direitos aduaneiros e os obstáculos não pautais.

2. **Harmonização de normas:** Os esforços para harmonizar normas e regulamentos, especialmente através de organizações internacionais, podem facilitar o acesso ao mercado.

3. **Assistência técnica:** Prestação de assistência técnica e reforço de capacidades aos países em desenvolvimento para os ajudar a cumprir as normas internacionais.

4. **Medidas de facilitação do comércio:** Aplicação de medidas para simplificar e racionalizar os procedimentos aduaneiros e melhorar as infra-estruturas.

O acesso ao mercado é um aspeto fundamental do comércio internacional que tem um impacto direto no crescimento económico, na escolha do consumidor e na integração económica global. Através de vários acordos e negociações, a OMC e outras organizações comerciais esforçam-se por melhorar o acesso ao mercado, reduzindo os direitos aduaneiros e as barreiras não pautais, simplificando os procedimentos aduaneiros e promovendo a concorrência leal. Embora se tenham registado progressos significativos, subsistem desafios como o protecionismo e as diferenças regulamentares. Os esforços contínuos para negociar e implementar medidas de facilitação do comércio, harmonizar as normas e prestar assistência técnica são essenciais para melhorar ainda mais o acesso ao mercado e obter todos os benefícios do comércio global.

Capítulo 26: Medida agregada de apoio (AMS)

Medida agregada de apoio (AMS)

A Medida Agregada de Apoio (MGA) é um conceito crucial no âmbito do Acordo sobre a Agricultura (AO) da Organização Mundial do Comércio (OMC). Quantifica o nível de apoio interno concedido aos produtores agrícolas que é considerado suscetível de distorcer o comércio. A EMA ajuda a monitorizar e a regular os subsídios e outras medidas de apoio para garantir uma concorrência leal e o cumprimento das regras do comércio internacional.

Objetivo da EMA:

1. **Controlo do apoio interno:** A AMS permite avaliar em que medida as medidas de apoio interno distorcem o comércio e afectam as condições do mercado internacional.

2. **Cumprimento das regras da OMC:** Assegura que os países membros cumprem os seus compromissos de reduzir os subsídios que distorcem o comércio, promovendo a concorrência leal nos mercados agrícolas mundiais.

3. **Transparência:** A AMS proporciona transparência nos relatórios e na avaliação do apoio interno, facilitando a responsabilização e a confiança entre os membros da OMC.

Classificação das medidas de apoio interno:

A OMC classifica as medidas de apoio interno em diferentes caixas com base no seu potencial de distorção do comércio:

1. **Caixa de âmbar:**
   - **Definição:** Inclui medidas que distorcem a produção e o comércio, tais como apoios aos preços e subsídios diretamente ligados aos níveis de produção.
   - **Cálculo da EMA:** A EMA diz respeito principalmente às medidas da Caixa Amarela. Os países devem comunicar e reduzir os seus compromissos AMS ao longo do tempo.

2. **Caixa azul:**

   o **Definição:** Contém subsídios que estão ligados a programas que limitam a produção. Estes subsídios são considerados menos distorcedores do comércio, uma vez que estão associados a controlos da produção.

   o **Isenção:** Os subsídios da Caixa Azul estão isentos dos compromissos de redução.

3. **Caixa verde:**

   o **Definição:** Inclui subsídios que causam uma distorção mínima ou nula do comércio. Estes podem incluir programas ambientais, investigação e desenvolvimento e serviços gerais que beneficiam a agricultura sem influenciar diretamente a produção.

   o **Isenção:** As medidas da Caixa Verde não estão sujeitas a compromissos de redução e não contam para a EMA.

Cálculo da EMA:

1. **EMA específica dos produtos:** mede o apoio concedido a produtos agrícolas específicos. Inclui mecanismos de apoio aos preços em que o governo estabelece um preço mínimo para determinados produtos.

2. **EMA não específica de um produto:** Medidas de apoio não ligadas a produtos específicos, tais como subsídios gerais a factores de produção como os fertilizantes e a eletricidade.

Fórmula para o cálculo da EMA:

$$AMS = \sum (P \times Q) - E$$

Onde:

- PPP é o preço administrado ou preço de apoio.

- QQQ é a quantidade de produção elegível para o apoio.

- Os EEE representam quaisquer isenções ou reduções permitidas ao abrigo das regras da OMC.

Compromissos de redução:

1. **Países desenvolvidos:** Concordaram em reduzir a sua EMA total em 20% ao longo de seis anos a partir do período de base (1986-1988).

2. **Países em desenvolvimento:** Exigido que reduzam a sua EMA em 13,3% ao longo de dez anos, reconhecendo a sua necessidade de maior flexibilidade.

Disposição de minimis:

- **Definição:** Permite que os países excluam pequenos montantes de apoio dos seus cálculos da EMA.

- **Limiares:** Para os países desenvolvidos, pode ser excluído o apoio inferior a 5% do valor total da produção de um produto específico (específico do produto) ou 5% da produção agrícola total (não específico do produto). Para os países em desenvolvimento, o limiar é de 10%.

Desafios e críticas:

1. **Complexidade:** O cálculo da EMA é complexo e pode ser difícil para os países, especialmente os países em desenvolvimento, medirem e comunicarem com exatidão.

2. **Equidade:** Alguns países argumentam que o sistema AMS permite que os países desenvolvidos prestem um apoio substancial dentro dos limites, criando uma situação de desigualdade.

3. **Evasão:** Existem preocupações quanto à reclassificação dos subsídios para evitar compromissos de redução, o que compromete a eficácia da EMA.

Reforma e direcções futuras:

1. **Simplificação:** Estão a ser envidados esforços para simplificar os processos de cálculo e de apresentação de relatórios, a fim de os tornar mais acessíveis e transparentes.

2. **Equidade:** As negociações prosseguem para garantir que o quadro da EMA seja justo e equitativo, respondendo às

preocupações dos países em desenvolvimento.

3. **Novas disciplinas:** As propostas de novas disciplinas em matéria de apoio interno têm por objetivo limitar ainda mais os subsídios que distorcem o comércio e promover práticas agrícolas sustentáveis.

A Medida Agregada de Apoio (MGA) é um instrumento fundamental no âmbito do Acordo sobre Agricultura da OMC, concebido para quantificar e regular as medidas de apoio interno que distorcem o comércio. Ao estabelecer compromissos de redução e proporcionar transparência, a MGA ajuda a promover a concorrência leal e o cumprimento das regras do comércio internacional. Apesar das suas complexidades e desafios, as reformas e negociações em curso procuram aumentar a eficácia e a equidade da AMS, contribuindo para um sistema comercial agrícola mundial mais equilibrado e sustentável.

Capítulo 27: Subsídios à exportação

Subsídios à exportação

As subvenções à exportação são contribuições financeiras concedidas pelos governos aos produtores ou exportadores nacionais para aumentar a sua competitividade nos mercados internacionais. Estas subvenções têm por objetivo incentivar as exportações, reduzindo os custos para os produtores, tornando assim os seus produtos mais atractivos nos mercados estrangeiros. Embora as subvenções à exportação possam beneficiar as indústrias nacionais a curto prazo, são frequentemente criticadas por distorcerem o comércio internacional e criarem uma concorrência desleal.

Objetivo das subvenções à exportação:

1. **Promover as exportações:** Aumentar o volume de bens e serviços vendidos em mercados estrangeiros.

2. **Impulsionar a produção interna:** Incentivar níveis de produção mais elevados, assegurando um mercado estável para os bens excedentários.

3. **Crescimento económico:** Apoiar o crescimento económico global através do reforço da balança comercial e da geração de receitas em divisas.

4. **Emprego:** Criar e manter postos de trabalho em sectores orientados para a exportação.

Tipos de subvenções à exportação:

1. **Subvenções diretas:** Pagamentos financeiros diretos aos exportadores com base no volume ou no valor das mercadorias exportadas.

2. **Isenções e reduções de impostos:** Reembolsos ou isenções de impostos sobre os bens exportados, reduzindo os custos globais de produção.

3. **Créditos à exportação:** Empréstimos a taxas de juro preferenciais aos exportadores, reduzindo os custos de financiamento.

4. **Seguros e garantias subsidiados:** Seguros e garantias apoiados pelo governo para proteger os exportadores contra riscos como o não pagamento por parte de compradores estrangeiros.

5. **Apoio à investigação e ao desenvolvimento:** Financiamento da investigação e do desenvolvimento para aumentar a competitividade dos produtos de exportação.

Subvenções à exportação ao abrigo das regras da OMC:

A Organização Mundial do Comércio (OMC) regula as subvenções à exportação para garantir uma concorrência leal e evitar distorções comerciais. Os principais acordos e disposições relacionados com as subvenções à exportação incluem:

1. **Acordo sobre a Agricultura (AO):**

    o **Compromissos de redução:** Os países desenvolvidos concordaram em reduzir o valor e o volume dos subsídios à exportação em 36% e 21%, respetivamente, ao longo de seis anos. Os países em desenvolvimento comprometeram-se a efetuar reduções de 24% e 14% ao longo de dez anos.

    o **Eliminação dos subsídios à exportação:** Como parte do Pacote de Nairobi em 2015, os membros da OMC concordaram em eliminar os subsídios às exportações agrícolas para nivelar as condições de concorrência nos mercados internacionais.

2. **Acordo sobre as Subvenções e as Medidas de Compensação (Acordo SMC):**

    o **Subsídios proibidos:** Os subsídios à exportação são considerados subsídios proibidos ao abrigo do Acordo SCM, o que significa que estão sujeitos a uma regulamentação rigorosa e podem ser contestados através do mecanismo de resolução de litígios da OMC.

- **Tratamento especial e diferenciado:** Os países em desenvolvimento têm certas flexibilidades, incluindo prazos mais alargados para eliminar progressivamente os subsídios à exportação.

Impactos das subvenções à exportação:

Impactos positivos:

1. **Expansão do mercado:** Ajuda as indústrias nacionais a aceder e a expandir-se para os mercados internacionais.

2. **Competitividade de preços:** Permite que os exportadores ofereçam preços competitivos, aumentando a sua quota de mercado.

3. **Benefícios económicos:** Gera receitas em divisas e estimula o crescimento económico.

Impactos negativos:

1. **Distorção do comércio:** Cria condições de concorrência desiguais ao dar aos exportadores subsidiados uma vantagem injusta, conduzindo a distorções comerciais.

2. **Retaliação:** Pode provocar medidas de retaliação por parte dos parceiros comerciais, dando origem a litígios comerciais e à redução do acesso ao mercado.

3. **Pressão orçamental:** Impõe um encargo financeiro aos governos, desviando recursos de outras áreas essenciais.

4. **Dependência:** Incentiva a dependência de subsídios em vez de promover uma verdadeira competitividade e inovação.

Desafios e críticas:

1. **Conformidade:** Garantir o cumprimento das regras da OMC em matéria de subvenções à exportação pode ser um desafio,

uma vez que alguns países encontram formas de contornar os compromissos.

2. **Países em desenvolvimento:** O equilíbrio entre a necessidade de subsídios à exportação para apoiar o desenvolvimento económico nos países em desenvolvimento e o objetivo de um comércio justo continua a ser uma questão controversa.

3. **Evolução das práticas comerciais:** A natureza evolutiva do comércio mundial, incluindo o comércio digital e as novas formas de subvenções, coloca desafios às actuais regras e mecanismos de aplicação da OMC.

Reforma e direcções futuras:

1. **Melhoria do controlo:** Reforçar os mecanismos de controlo e de informação no âmbito da OMC para garantir a transparência e o cumprimento.

2. **Apoio aos países em desenvolvimento:** Prestação de assistência técnica e de apoio ao reforço das capacidades para ajudar os países em desenvolvimento a abandonarem as subvenções à exportação.

3. **Políticas inovadoras:** Incentivar o desenvolvimento de políticas que promovam a competitividade e a inovação sem distorcer o comércio, tais como o investimento em infra-estruturas, educação e tecnologia.

As subvenções à exportação desempenham um papel importante no comércio internacional porque promovem as exportações e apoiam as indústrias nacionais. No entanto, também colocam desafios porque distorcem o comércio e criam uma concorrência desleal. O quadro regulamentar da OMC tem como objetivo equilibrar estes impactos, reduzindo e, eventualmente, eliminando as subvenções à exportação que distorcem o comércio, ao mesmo tempo que prevê considerações especiais para os países

em desenvolvimento. As reformas e negociações em curso são
essenciais para enfrentar estes desafios e promover um sistema
comercial mundial justo e sustentável.

Capítulo 28: Medidas Sanitárias e Fitossanitárias (SPS)

Medidas sanitárias e fitossanitárias (SPS)

As medidas sanitárias e fitossanitárias (SPS) são regulamentos e procedimentos essenciais implementados pelos países para proteger a vida e a saúde humana, animal e vegetal dos riscos decorrentes da propagação de pragas, doenças ou contaminantes nos alimentos e produtos agrícolas. Estas medidas são cruciais para garantir a segurança alimentar, prevenir a introdução e a propagação de doenças e manter a integridade agrícola e ecológica.

Objetivo das medidas SPS:

1. **Proteger a saúde humana:** Assegurar que os produtos alimentares são seguros para consumo e estão isentos de substâncias nocivas, tais como agentes patogénicos, toxinas e resíduos químicos.

2. **Proteger a saúde animal e vegetal:** Prevenir a propagação de doenças e pragas que podem afetar os animais e as plantas, que são vitais para a produtividade agrícola e a biodiversidade.

3. **Facilitar o comércio seguro:** Estabelecer normas claras e cientificamente fundamentadas que facilitem o comércio internacional, salvaguardando simultaneamente a saúde.

Princípios fundamentais das medidas SPS:

1. **Base científica:** As medidas SPS devem basear-se em princípios e provas científicas, assegurando que a proteção da saúde se baseia em dados e investigação fiáveis.

2. **Não-discriminação:** As medidas não devem discriminar entre países onde prevalecem condições semelhantes, evitando barreiras injustificadas ao comércio.

3. **Proporcionalidade:** As medidas SPS devem ser proporcionais ao risco envolvido e não devem ser mais restritivas para o comércio do que o necessário para atingir os seus objectivos.

4. **Transparência:** Os países devem notificar os outros membros de medidas SPS novas ou alteradas e fornecer informações sobre a base científica e a justificação dessas medidas.

O Acordo SPS:

O Acordo sobre a Aplicação de Medidas Sanitárias e Fitossanitárias (Acordo SPS) é um tratado fundamental da OMC que rege a aplicação de medidas SPS. O acordo tem por objetivo equilibrar os direitos dos países de proteger a saúde com a necessidade de evitar barreiras comerciais desnecessárias.

1. **Âmbito de aplicação:** O Acordo SPS aplica-se a todas as medidas SPS que possam afetar direta ou indiretamente o comércio internacional, incluindo medidas destinadas a proteger a segurança alimentar, a saúde animal e a fitossanidade.

2. **Harmonização:** Encoraja os países a basearem as suas medidas SPS em normas, diretrizes e recomendações internacionais, particularmente as desenvolvidas pela Comissão do Codex Alimentarius, pela Organização Mundial de Saúde Animal (OIE) e pela Convenção Fitossanitária Internacional (IPPC).

3. **Equivalência:** Promove o reconhecimento das medidas SPS de outros países como equivalentes se atingirem o mesmo nível de proteção da saúde, mesmo que as medidas sejam diferentes na sua forma.

4. **Avaliação dos riscos:** Exige que os países realizem avaliações de risco para garantir que as medidas SPS se baseiam numa avaliação objetiva dos riscos.

5. **Resolução de litígios:** Fornece um mecanismo para a resolução de litígios decorrentes da aplicação de medidas SPS, assegurando que os desacordos podem ser abordados através do diálogo e da arbitragem.

Aplicação das medidas SPS:

1. **Normas de segurança alimentar:**

   o **Contaminantes e resíduos:** Limites para resíduos de pesticidas, medicamentos veterinários e outros contaminantes em produtos alimentares.

   o **Normas microbiológicas:** Regulamentos sobre níveis aceitáveis de microrganismos nos alimentos para prevenir doenças de origem alimentar.

2. **Medidas de saúde animal:**

   o **Quarentena e inspeção:** Procedimentos para evitar a propagação de doenças animais através da importação.

   o **Certificação de ausência de doenças:** Requisitos para a certificação de que os animais e os produtos de origem animal provêm de zonas indemnes de doenças.

3. **Medidas fitossanitárias:**

   o **Inspecções fitossanitárias:** Inspecções para garantir que as plantas e os produtos vegetais estão isentos de pragas e doenças.

   o **Análise de risco de pragas:** Avaliações para identificar e gerir os riscos associados à introdução de pragas através do comércio.

Desafios e críticas:

1. **Incerteza científica:** Podem surgir desacordos sobre a interpretação dos dados científicos e a avaliação dos riscos.

2. **Barreiras ao comércio:** As medidas sanitárias e fitossanitárias podem, por vezes, ser entendidas como restrições dissimuladas ao comércio, nomeadamente quando as normas são mais rigorosas do que as normas internacionais.

3. **Reforço das capacidades:** Os países em desenvolvimento podem enfrentar desafios na aplicação e cumprimento das

medidas SPS devido a recursos e conhecimentos técnicos limitados.

4. **Transparência e notificação:** Garantir a notificação atempada e transparente de medidas SPS novas ou revistas pode ser um desafio, especialmente para os países com capacidades administrativas limitadas.

Apoio e reforço das capacidades:

1. **Assistência técnica:** A OMC, juntamente com outras organizações internacionais, fornece assistência técnica e programas de capacitação para ajudar os países em desenvolvimento a implementar medidas SPS.

2. **Mecanismo de Desenvolvimento das Normas e do Comércio (STDF):** Uma parceria global que apoia os países em desenvolvimento no reforço da sua capacidade SPS para cumprir as normas internacionais e facilitar o comércio seguro.

3. **Cooperação regional:** Encoraja a cooperação regional e a harmonização das medidas SPS para facilitar o comércio dentro das regiões, mantendo a proteção da saúde.

As medidas sanitárias e fitossanitárias (SPS) são vitais para a proteção da saúde humana, animal e vegetal no contexto do comércio internacional. O Acordo SPS no âmbito da OMC estabelece um quadro para a aplicação destas medidas com base em princípios científicos, na não discriminação e na transparência. Embora subsistam desafios, especialmente para os países em desenvolvimento, os esforços contínuos de reforço das capacidades, assistência técnica e cooperação internacional são essenciais para alcançar um equilíbrio entre a proteção da saúde e a facilitação de um comércio seguro.

Capítulo 29: Aspectos dos direitos de propriedade intelectual relacionados com o comércio (TRIPS)

Aspectos dos direitos de propriedade intelectual relacionados com o comércio (TRIPS)

O Acordo sobre os Aspectos dos Direitos de Propriedade Intelectual Relacionados com o Comércio (TRIPS) é um dos principais acordos no âmbito da Organização Mundial do Comércio (OMC). Estabelece normas mínimas para a proteção e aplicação dos direitos de propriedade intelectual (PI) nos países membros. O TRIPS é crucial para promover a inovação, a criatividade e o comércio de bens e serviços de conhecimento intensivo, equilibrando simultaneamente os interesses dos criadores e dos utilizadores.

Objetivo do TRIPS:

1. **Harmonização das leis de PI:** Normaliza a proteção e a aplicação dos direitos de PI a nível mundial, assegurando que as leis de PI são consistentes nos países membros da OMC.

2. **Promoção da inovação:** Incentiva a inovação e a criatividade, proporcionando proteção jurídica e incentivos económicos aos criadores e inventores.

3. **Facilitação do comércio internacional:** Reduz as barreiras comerciais relacionadas com a PI através da harmonização da regulamentação, facilitando assim o comércio internacional.

4. **Equilíbrio de interesses:** Equilibra os interesses dos detentores e utilizadores de PI, assegurando que a proteção da PI não prejudica o acesso à tecnologia e ao conhecimento, em especial para os países em desenvolvimento.

Disposições fundamentais do TRIPS:

1. **Âmbito dos direitos de propriedade intelectual:**

   - **Direitos de autor e direitos conexos:** Protege obras

literárias e artísticas, incluindo software e bases de dados, bem como os direitos dos artistas, produtores de fonogramas e organizações de radiodifusão.

- o **Marcas registadas:** Abrange qualquer sinal, ou combinação de sinais, capaz de distinguir os bens ou serviços de uma empresa dos de outras empresas.

- o **Indicações geográficas:** Protege as indicações que identificam um bem como originário de um local específico, quando uma determinada qualidade, reputação ou outra caraterística do bem é essencialmente atribuível à sua origem geográfica.

- o **Desenhos e modelos industriais:** Protege o aspeto ornamental ou estético de um artigo.

- o **Patentes:** Proporciona proteção às invenções, em todos os domínios da tecnologia, que sejam novas, impliquem uma atividade inventiva e sejam susceptíveis de aplicação industrial.

- o **Conceção de circuitos integrados:** Protege a conceção tridimensional de circuitos electrónicos em circuitos integrados.

- o **Informações não divulgadas (segredos comerciais):** Protege as informações comerciais confidenciais contra a utilização e divulgação não autorizadas.

2. **Aplicação dos direitos de propriedade intelectual:**

- o **Procedimentos e recursos civis e administrativos:** Exige procedimentos eficazes para a aplicação dos direitos de PI, incluindo a previsão de injunções, indemnizações e outros recursos.

- o **Medidas provisórias:** Permitem a adoção de medidas rápidas e eficazes para evitar infracções e preservar provas relevantes.

o **Medidas nas fronteiras:** Prevê medidas para impedir a importação de mercadorias de contrafação e piratas.

o **Procedimentos penais:** Estabelece procedimentos penais e sanções para a contrafação intencional de marcas registadas e a pirataria de direitos de autor à escala comercial.

3. **Resolução de litígios:**

o **Mecanismo de Resolução de Litígios da OMC:** Os litígios TRIPS estão sujeitos aos procedimentos de resolução de litígios da OMC, garantindo que os países podem resolver conflitos sobre a proteção da PI através de um quadro jurídico estabelecido.

Disposições especiais para os países em desenvolvimento:

1. **Períodos de transição:** Permite períodos mais longos para os países em desenvolvimento e os países menos desenvolvidos (PMD) implementarem as disposições do TRIPS, reconhecendo a sua necessidade de mais tempo para criar as infra-estruturas jurídicas e administrativas necessárias.

2. **Assistência técnica:** Os países desenvolvidos devem prestar assistência técnica aos países em desenvolvimento e aos países menos desenvolvidos para os ajudar a aplicar efetivamente as disposições do TRIPS.

3. **Flexibilidades no domínio da saúde pública:** O TRIPS inclui disposições (como o licenciamento obrigatório) que permitem aos países dar prioridade às necessidades de saúde pública, nomeadamente no contexto do acesso a medicamentos essenciais.

Impacto do Acordo TRIPS:

Impactos positivos:

1. **Maior proteção:** Proporciona uma proteção sólida da propriedade intelectual, incentivando a inovação e o

investimento em investigação e desenvolvimento.

2. **Expansão do mercado:** Ajuda as empresas a proteger a sua PI em mercados estrangeiros, facilitando o comércio internacional e a expansão do mercado.

3. **Crescimento económico:** Contribui para o crescimento económico através da promoção de um ambiente competitivo e dinâmico para a inovação e a criatividade.

Impactos negativos:

1. **Acesso aos medicamentos:** Os críticos argumentam que uma proteção rigorosa da PI pode limitar o acesso a medicamentos a preços acessíveis nos países em desenvolvimento, agravando os problemas de saúde pública.

2. **Transferência de tecnologia:** Os países em desenvolvimento podem ter dificuldades em aceder a novas tecnologias devido a uma proteção rigorosa da propriedade intelectual.

3. **Custos de implementação:** O custo e a complexidade da implementação de sistemas de PI em conformidade com o TRIPS podem ser onerosos para os países em desenvolvimento.

Direcções futuras e reformas:

1. **Equilíbrio entre a proteção da PI e o acesso:** Os esforços em curso para encontrar um equilíbrio entre a proteção dos direitos de PI e a garantia de acesso a bens essenciais, como medicamentos e tecnologias, são fundamentais para um desenvolvimento equitativo.

2. **Reforço das capacidades:** É necessário reforçar a assistência técnica e as iniciativas de reforço das capacidades para ajudar os países em desenvolvimento a aplicar e a beneficiar do TRIPS.

3. **Adaptação às novas tecnologias:** À medida que a tecnologia evolui, o TRIPS deve adaptar-se para enfrentar novos desafios e oportunidades em áreas como o comércio digital, a biotecnologia e a inteligência artificial.

O Acordo TRIPS desempenha um papel fundamental no panorama global da PI, estabelecendo normas mínimas para a proteção e aplicação da PI, promovendo simultaneamente a inovação e facilitando o comércio internacional. Embora ofereça benefícios significativos, incluindo uma maior proteção da PI e o crescimento económico, também apresenta desafios, especialmente para os países em desenvolvimento, em termos de acesso a medicamentos e custos de implementação. Os esforços contínuos para equilibrar estes interesses e adaptar-se aos novos desenvolvimentos tecnológicos são essenciais para garantir que o TRIPS continua a ser eficaz e equitativo na dinâmica economia global.

Referências

Acharya, S. S., & Agarwal, N. L. (2011). *Agricultural Marketing in India*. Oxford e IBH Publishing.

Agricultural Produce (Grading and Marking) Act of 1937, Governo da Índia. (1937). Retirado de http://egazette.nic.in

Anderson, J. E., & van Wincoop, E. (2003). Gravidade com gravidade: A solution to the border puzzle. *American Economic Review*, *93(1)*, 170-192. https://doi.org/10.1257/000282803321455214

Atkinson, A. B., & Stiglitz, J. E. (1980). *Lectures on Public Economics*. McGrawHill.

Bain, J. S. (1951). "Relação da taxa de lucro com a concentração da indústria: American manufacturing, 1936-1940." *The Quarterly Journal ofEconomics*, 65(3), 293-324.

Bain, J. S. (1956). *Barriers to New Competition: Their Character and Consequences in Manufacturing Industries*. Harvard University Press.

Baldwin, R. E. (2016). *A Grande Convergência: Information Technology and the New Globalization [A Tecnologia da Informação e a Nova Globalização]*. Harvard University Press.

Baldwin, R. E., & Evenett, S. J. (2009). *The Collapse of Global Trade, Murky Protectionism, and the Crisis (O colapso do comércio mundial, o protecionismo obscuro e a crise): Recommendations for the G20*. Centro de Investigação de Política Económica.

Barker, J., & Shepherd, A. W. (2007). *Rural Infrastructure and Agricultural Marketing* (FAO Agricultural Services Bulletin No. 165). Organização das Nações Unidas para a Alimentação e a Agricultura.

Barrett, C. B., & Reardon, T. (2000). *Asset, income, and welfare effects of marketable surplus in rural Africa [Efeitos sobre os activos, o rendimento e o bem-estar dos excedentes comercializáveis na África rural]*. World Development, 28(3), 499-511. https://doi.org/10.1016/S0305-750X(99)00113-0

Bennett, B., & Ghosh, S. (2014). *Economia Agrícola e Política Alimentar*. Routledge.

Bhagwati, J. (2002). *Free Trade Today*. Princeton University Press.

Black, F., & Scholes, M. (1973). The pricing of options and corporate liabilities. *Journal of Political Economy, 81(3)*, 637-654. https://doi.org/10.1086/260062

Blythe, J. (2012). *Principles and Practice of Marketing* (3ª ed.). SAGE Publications.

Bowersox, D. J., Closs, D. J., & Cooper, M. B. (2012). *Supply Chain Management: A Logistics Perspective* (9ª ed.). McGraw-Hill Education.

Bown, C. P., & Irwin, D. A. (2015). *A OMC e a dinâmica de mudança da política comercial internacional*. University of Chicago Press.

Box, G. E. P., Jenkins, G. M., & Reinsel, G. C. (2015). *Análise de séries temporais: Forecasting and Control* (5ª ed.). Wiley.

Brassington, F., & Pettitt, S. (2013). *Essentials of Marketing* (3ª ed.). Pearson.

Brunel, J. C., & Nelson, M. R. (2000). Evaluating risk in marketing strategies. *Journal of Marketing Research, 37(2)*, 123-135. https://doi.org/10.1509/jmkr.37.2.123.18332

Bureau, J.-C., & Jean, S. (2011). *The economics of the Aggregate Measure of Support (A economia da medida agregada de apoio)*. Journal of Agricultural Economics, 62(1), 77-92.

Carlton, D. W., & Perloff, J. M. (2015). *Organização industrial moderna* (4ª edição). Pearson.

Central Warehousing Corporation (CWC). (n.d.). Recuperado de https://cewacor.nic.in/

Chambers, R., & Conway, G. R. (1992). Sustainable rural livelihoods: Practical concepts for the 21st century. *Documento de reflexão 296 do Institute of Development Studies*. Obtido de https://www.ids.ac.uk/publications/sustainable-rurallivelihoods- conceitos-práticos-para-o-século-21/

Chand, R., & Kumar, P. (2004). *Agricultural Marketing: Issues and Challenges* (Policy Paper No. 21). Centro Nacional de Economia Agrícola e Investigação Política.

Chavas, J. P. (2008). *On the economics of agricultural markets.* Blackwell Publishing.

Christopher, M. (2016). *Logística e gestão da cadeia de suprimentos* (5ª ed.). Pearson.

Comissão do Codex Alimentarius. (n.d.). *Sobre o Codex.* Recuperado de http://www.fao.org/fao-who-codexalimentarius/en/

Cox, J. C., Ross, S. A., & Rubinstein, M. (1979). Option pricing: A simplified approach. *Journal of Financial Economics, 7*(3), 229-263. https://doi.org/10.1016/0304-405X(79)90015-1

Direção de Comercialização e Inspeção (DMI), Governo da Índia. (n.d.). Recuperado de http://dmi.gov.in

Enders, W. (2014). *Applied Econometric Time Series* (4ª ed.). Wiley.

Fama, E. F., & French, K. R. (1988). Dividend yields and expected stock returns. *Journal of Financial Economics, 22*(1), 3-25. https://doi.org/10.1016/0304-405X(88)90021-6

Fanfani, R., & Gozzi, C. (2008). Dinâmica dos preços agrícolas e implicações para as políticas agrícolas. *Food Policy, ¿33*(3), 224-233. https://doi.org/10.1016/j.foodpol.2007.12.001

Organização das Nações Unidas para a Alimentação e a Agricultura (FAO) e Organização Mundial de Saúde (OMS). (2020). *Compreender o Codex.* Obtido de http://www.fao.org/3Zca6836en/CA6836EN.pdf

Organização das Nações Unidas para a Alimentação e a Agricultura (FAO). (n.d.). *Codex Alimentarias: Normas alimentares internacionais.* Recuperado de http:ZZwww.fao.orgZfao- who-codexalimentarius/home/en/

Food Corporation of India (FCI). (n.d.). Recuperado de https://fci.gov.in/

Fujita, M., Krugman, P., & Venables, A. J. (1999). *The Spatial Economy: Cities, Regions, and International Trade.* MIT Press.

Gardner, B. L. (2002). U.S. agricultural policy: What's the story? *Agricultural Economics, 27*(1), 41-52. https:ZZdoi.orgZ10.1111Zj.1574-0862.2002.tb00137.x

Gerschenkron, A. (1962). *Economic Backwardness in Historical Perspective: A Book of Essays.* Belknap Press.

Hamilton, J. D. (1994). *Time Series Analysis.* Princeton University Press.

Harper, J. K. (2008). *Agricultural Prices.* John Wiley & Sons.

Harrigan, K. R. (1985). Vertical Integration and Corporate Strategy. *Academy of Management Journal, 28(2),* 397-425. https:ZZdoi.orgZ10.5465Z255903

Hayek, F. A. (1945). The Use of Knowledge in Society. *American Economic Review, 35*(4), 519-530. https:ZZdoi.orgZ10.3386Zw0374

Helpman, E., & Krugman, P. R. (1985). *Market Structure and Foreign Trade: Increasing Returns, Imperfect Competition, and the International Economy.* MIT Press.

Henson, S., & Reardon, T. (2005). Normas agro-alimentares privadas: Implications for food policy and the agri-food system. *Food Policy, 30(3),* 241-253. https://doi.org/10.1016Zj.foodpol.2005.05.002

Hertel, T. W. (2016). *Análise do comércio global: Modeling and Applications* (2ª ed.). Cambridge University Press.

Hill, B., & Smith, L. (2007). *The Economics of Agricultural Development: World Food Systems and Resource Use.* Routledge.

Hirschman, A. O. (1945). *National Power and the Structure of Foreign Trade.* University of California Press.

Hoekman, B., & Kostecki, M. (2009). *The Political Economy of the World Trading System: WTO and Beyond* (3ª ed.). Oxford

University Press.

Huang, J., & Rozelle, S. (2006). *The role of marketable surplus in rural poverty reduction (O papel do excedente comercial na redução da pobreza rural). China Economic Review, 17*(3), 278-292.
https://doi.org/10.1016/j.chieco.2005.

Hubbard, R. G., & O'Brien, A. P. (2018). *Microeconomia* (6ª ed.). Pearson.

Hull, J. C. (2017). *Options, Futures, and Other Derivatives* (10ª ed.). Pearson.

Irwin, D. A. (1996). *Against the Tide: An Intellectual Hi.st.ory of Free Trade [Contra a Maré: Uma História Intelectual do Comércio Livre].* Princeton University Press.

Jackson, J. H. (1997). *The World Trading System: Law and Policy of International Economic Relations* (2ª ed.). MIT Press.

Jarrow, R. A., & Rudd, A. (1982). *Option Pricing: A Simplified Approach.* W. W. Norton & Company.

Josling, T., & Tangermann, S. (2013). *Agricultural Trade Policy: Changing Horizons.* Cambridge University Press.

Kaldor, N. (1934). Aggregate Demand and Aggregate Supply (Procura agregada e oferta agregada). *Economic Journal, 44*(176), 45-59. https://doi.org/10.2307/2224105

Kirkpatrick, C., & Parker, D. (2003). *Regulatory Impact Assessment: The Aggregate Measure of Support, an.d Agricultural Trade.* Edward Elgar Publishing.

Kohls, R. L., & Uhl, J. N. (2002). *Marketing of Agricultural Products* (9ª ed.). Prentice Hall.

Kotler, P., & Armstrong, G. (2017). *Princípios deMarketing* (17ª ed.). Pearson.

Kotler, P., & Keller, K. L. (2015). *Gestão de marketing* (15ª ed.). Pearson.

Krugman, P. R. (1991). Geography and Trade. *MIT Press.*

Krugman, P. R., & Obstfeld, M. (2009). *International Economics:*

Theory and Policy (8ª ed.). Pearson.

Kumar, P., & Tiwari, S. K. (2018). Excedentes agrícolas e segurança alimentar nos países em desenvolvimento. *Journal of Agricultural Economics,* 69(1), 215230. https://doi.org/10.1111/1477-9552.12220

Levitt, T. (1960). *Marketing Myopia.* Harvard Business Review, 38(4), 45-56.

Linnemann, H. (1966). *An Econometric Study of International Trade Flows.* North-Holland Publishing Company.

Lloyd, P. J. (2003). *Agriculture and the World Trade Organization: The Doha Round and Beyond.* CABI Publishing.

Lusch, R. F., & Vargo, S. L. (2014). *Lógica dominante de serviço: Premises, Perspectives, Possibilities.* Cambridge University Press.

Mankiw, N. G. (2020). *Princípios de Economia* (9ª ed.). Cengage Learning.

Marshall, A. (1920). *Principles of Economics* (8ª ed.). Macmillan and Co.

Martin, W., & Anderson, K. (2012). *O Acordo da OMC sobre Agricultura e a Medida Agregada de Apoio: A Review.* Cambridge University Press.

Maskus, K. E. (2000). *Intellectual property rights in the global economy (Direitos de propriedade intelectual na economia global).* Instituto de Economia Internacional.

Massey, D. (1994). *Space, Place, and Gender.* University of Minnesota Press.

McCann, P. (2001). *Urban and Regional Economics.* Oxford University Press.

McCarthy, E. J., & Perreault, W. D. (2014). *Marketing básico: Uma abordagem de planeamento de estratégia de marketing* (19ª ed.). McGraw-Hill Education.

McConnell, C. R., Brue, S. L., & Flynn, S. M. (2018). *Economics: Princípios, problemas e políticas* (21ª ed.). McGraw-Hill

Education.

McDonald, M., & Wilson, H. (2011). *Planos de marketing: Um Guia Completo* (7ª ed.). Wiley.

Melitz, M. J. (2003). The impact of trade on intra-industry reallocations and aggregate industry productivity. *Econometrica, 71(6),* 1695-1725. https://doi.org/10.1111/1468-0262.00467

Merton, R. C. (1973). Theory of rational option pricing. *Bell Journal of Economics and Management Science, 4*(1), 141-183. https://doi.org/10.2307/3003143

Minot, N., & Goletti, F. (2000). *Rice Market Liberalization and Poverty in Viet Nam (Liberalização do mercado do arroz e pobreza no Vietname).* Instituto Internacional de Investigação sobre Políticas Alimentares.

Mishkin, F. S. (2001). *The Economics of Money, Banking, and Financial Markets* (6ª ed.). Addison-Wesley.

Mitchell, D. (2004). *Política agrícola e reforma comercial: Potential Effects of the WTO Agreement on Agriculture.* Banco Mundial.

Moorman, C., & Rust, R. T. (1999). O papel do marketing e da gestão de riscos na manutenção de uma vantagem competitiva. *Journal of Marketing, 63*(4), 1-14. https://doi.org/10.1177/002224299906300401

Nadkarni, M. V., & Chattopadhyay, S. (2009). Marketable Surplus and Economic Development: An Overview. *Agricultural Economics Research Review, 22*(1), 29-40. https://doi.org/10.22004/ag.econ.55848

National Agricultural Cooperative Marketing Federation of India Ltd (NAFED). (n.d.). Recuperado de http://www.nafed-india.com/

Instituto Nacional de Comercialização Agrícola (NIAM). (n.d.). Recuperado de https://ccsniam.gov.in

Oatley, T. (2019). *Economia Política Internacional* (6ª ed.). Routledge.

OCDE. (2019). *Kit de ferramentas de avaliação da concorrência.*

Toolkit da OCDE.

Ortmann, G. F., & King, R. P. (2007). Políticas de preços agrícolas e seus impactos nos mercados agrícolas. *Agricultural Economics, 37*(1), 25-33. https://doi.org/10.1111/j.1574-0862.2007.00262.x

Penson, J. B., Capps, O., Rosson, C. P., & Woodward, R. T. (2014). *Introdução à Economia Agrícola* (6ª ed.). Pearson.

Pindyck, R. S., & Rubinfeld, D. L. (2018). *Microeconomia* (9ª edição). Pearson.

Porter, M. E. (1979). *How Competitive Forces Shape Strategy.* Harvard Business Review, 57(2), 137-145.

Porter, M. E. (1985). *Competitive Advantage: Creating and Sustaining Superior Performance.* Free Press.

Ricardo, D. (1817). *On the Principles of Political Economy and Taxation.* John Murray.

Roberts, D., & Schuknecht, L. (2006). *Medidas Sanitárias e Fitossanitárias: A OMC e os países em desenvolvimento.* World Bank Policy Research Working Paper Series, No. 3806.

Rodriguez-Pose, A. (2013). *A dimensão urbana das políticas de desenvolvimento: A Global View.* Routledge.

Rodrik, D. (2018). *Straight Talk on Trade: Ideas for a Sane World Economy.* Princeton University Press.

Rosenbloom, B. (2013). *Canais de marketing* (8ª ed.). Cengage Learning.

Scherer, F. M. (1980). *Industrial Market Structure and Economic Performance.* Houghton Mifflin Company.

Schiller, B. R., & Gebhardt, R. (2016). *A microeconomia hoje* (14ª ed.). McGraw-Hill Education.

Sexton, R. J., & Zhang, M. (2001). Market power and price determination in the agricultural sector. *Agricultural Economics, 25*(2-3), 177-191. https://doi.org/10.1016/S0169-5150(01)00079-6

Shepherd, A. W. (2007). *Approaches to Linking Producers to Markets: A Review of Experiences to Date.* Organização das Nações Unidas para a Alimentação e a Agricultura. Recuperado de http://www.fao.org/3/a-bp317e.pdf

Shiller, R. J. (2015). *Irrational Exuberance* (3ª ed.). Princeton University Press.

Singh, G. (2005). *Agricultural Marketing in India.* Concept Publishing Company.

Smith, A. (1776). *A Riqueza das Nações.* W. Strahan e T. Cadell.

State Warehousing Corporations (SWC). (n.d.). Obtido nos sítios Web dos respectivos Estados.

Stern, L. W., El-Ansary, A. I., & Coughlan, A. T. (1996). *Marketing Channels* (5ª ed.). Prentice Hall.

Stigler, G. J. (1961). *The Economics of Information.* Journal of Political Economy, 69*(3), 213-225. https://doi.org/10.1086/258464

Stigler, G. J. (1964). "A Theory of Oligopoly". *Journal of Political Economy,* 72(1), 44-61.

Stiglitz, J. E. (2006). *Making Globalization Work.* W. W. Norton & Company.

Stiglitz, J. E., & Rosengard, J. K. (2015). *Economics of the Public Setor* (4ª ed.). W.W. Norton & Company.

Stolper, W. F., & Samuelson, P. A. (1957). Protection and real wages. *Review of Economic Studies, 24(1),* 1-20. https://doi.org/10.2307/2296238

Teece, D. J. (1982). Towards an Economic Theory of the Multiproduct Firm. *Journal of Economic Behavior & Organization, 3*(1), 39-63. https://doi.org/10.1016/0167-2681(82)90014-4

Tinbergen, J. (1962). *Shaping the World Economy: Sugestões para uma política económica internacional.* Twentieth Century Fund.

Tirole, J. (1988). *The Theory of Industrial Organization.* MIT Press.

Trienekens, J., & Zuurbier, P. (2008). Normas de qualidade e segurança na indústria alimentar, desenvolvimentos e desafios. *Jornal Internacional de Economia da Produção, 113*(1), 107-122.
https://doi.org/10.1016/j.ijpe.2007.02.050

Tsay, R. S. (2010). *Analysis of Financial Statements and Time Series Data*. Wiley.

Vanzetti, D. (2003). *Medidas de apoio à agricultura: The AMS and the WTO's Agreement on Agriculture*. Routledge.

Varian, H. R. (2010). *Intermediate Microeconomics: A Modern Approach* (8ª ed.). W.W. Norton & Company.

Williamson, O. E. (1985). *The Economic Institutions of Capitalism*. Free Press.

Wilson, J. S., & Otsuki, T. (2001). *Standards and Protectionism: The Impact of the Aggregate Measure of Support on Developing Countries [O impacto da medida agregada de apoio nos países em desenvolvimento]*. Banco Mundial.

Winer, R. S. (2009). *Marketing Management* (3ª ed.). Wiley

Winters, A. L., & R. S. (2000). *Trade Policy and the Developing Countries*. Routledge.

Banco Mundial. (2020). *Relatório sobre o Desenvolvimento Mundial 2020: Trading for Development in the Age of Global Value Chains*. Relatório do Banco Mundial.

Banco Mundial. (n.d.). *Agriculture and Rural Development*. Retirado de https://www.worldbank.org/en/topic/agriculture

Organização Mundial do Comércio. (1994). *Acordo sobre os Aspectos dos Direitos de Propriedade Intelectual Relacionados com o Comércio (TRIPS)*. Obtido de
https://www.wto.org/english/docs_e/legal_e/27-trips.pdf

Organização Mundial do Comércio. (1995). *Acordo sobre a agricultura.* Recuperado de
https://www.wto.org/english/docs_e/legal_e/14-ag.pdf

Organização Mundial do Comércio. (2015). *Pacote de Nairobi.*

Recuperado de https://www.wto.org/english/res e/res e.htm

Organização Mundial do Comércio. (2019). *Relatório sobre o comércio mundial 2019: O futuro do comércio.* Organização Mundial do Comércio. Recuperado de www.wto.org

Organização Mundial do Comércio. (2020). *A OMC e a agricultura.* Organização Mundial do Comércio. Recuperado de www.wto.org

Organização Mundial do Comércio. (2020). *A OMC aos 25 anos: as realizações e os desafios da OMC.* OMC.

Organização Mundial do Comércio. (2020). *Relatório sobre o comércio mundial 2020: Políticas governamentais de apoio à inovação nos serviços.* OMC.

Organização Mundial do Comércio. (2021). *Domestic Support and the WTO: The Role of the Aggregate Measure of Support.* Organização Mundial do Comércio. Recuperado de www.wto.org

Organização Mundial do Comércio. (2023). *Apoio interno: A EMA.* Retirado de https://www.wto.org/english/tratop_e/agric_e/ag_box_e.ht m

Organização Mundial do Comércio. (2023). *Medidas Sanitárias e Fitossanitárias (SPS).* Obtido de https://www.wto.org/english/tratop_e/sps_e/sps_e.htm

Organização Mundial do Comércio. (2023). *Compreender a OMC: Os acordos.* Retirado de https://www.wto.org/english/res_e/res_e.htm

Organização Mundial do Comércio. (2024). *Acesso ao mercado.* Obtido em https://www.wto.org/english/thewto_e/whatis_e/tif_e/agrm 2_e.htm

Wright, P. (2011). *Agricultural Marketing: Structure, Performance, and Institutions.* Springer.

Wright, P. (2011). *Agricultural Marketing: Structure, Performance, and Institutions*. Springer.

Printed by Books on Demand GmbH, Norderstedt / Germany